物联网工程专业系列教材

# NB-IoT 实战指南

史治国　潘　骏　陈积明　编著

科学出版社

北京

# 内 容 简 介

　　随着基于蜂窝网络的 NB-IoT 的兴起，越来越多的技术人员对如何基于 NB-IoT 开发一个完整的物联网应用系统的需求非常迫切。本书在系统地介绍 NB-IoT 关键技术、网络体系与应用架构、应用系统组件以及终端硬件设计的基础上，给出了一个 NB-IoT 系统设计从终端到平台的每个部分完整的实践与操作步骤，对用户迅速掌握物联网应用项目的开发是大有帮助的。

　　为了提高学习效率和效果，本书为所有实战提供了完整的操作步骤及源文件代码。本书可作为物联网应用开发者以及高校物联网相关课程的教材和参考书。

**图书在版编目(CIP)数据**

NB-IoT 实战指南/史治国，潘骏，陈积明编著. —北京：科学出版社，2018
（物联网工程专业系列教材）

ISBN 978-7-03-057329-2

Ⅰ.①N… Ⅱ.①史…②潘…③陈… Ⅲ. ①互联网络－应用－指南②智能技术－应用－指南 Ⅳ.①TP393.4-62②TP18-62

中国版本图书馆 CIP 数据核字（2018）第 093282 号

责任编辑：赵丽欣 吴超莉 / 责任校对：王万红
责任印制：吕春珉 / 封面设计：蒋宏工作室

*斜 学 出 版 社* 出版
北京东黄城根北街 16 号
邮政编码：100717
http://www.sciencep.com
**北京中科印刷有限公司** 印刷
科学出版社发行　　各地新华书店经销
*
2018 年 5 月第 一 版　　开本：889×1194 1/16
2022 年 2 月第 三 次印刷　　印张：11
字数：203 000
**定价：39.00 元**
（如有印装质量问题，我社负责调换〈中科〉）
销售部电话 010-62136230　编辑部电话 010-62138978

# 前　言

20 世纪 90 年代，"物联网"的概念被提出。顾名思义，物联网就是把所有物品通过网络连接起来，实现任何物体、任何人、任何时间、任何地点的智能化识别、信息交换与管理。近年来，在云计算、大数据、人工智能等创新科技日益成熟的背景下，物联网又重新被深度关注。据测算，全球 PC 互联网时代的联网设备仅为十亿量级，移动互联网时代的联网设备有数十亿量级，而物联网时代的联网设备将达到 1000 亿的量级。麦肯锡预测，到 2025 年，物联网在全球产生的潜在经济影响将介于 3.9 万亿～11.1 万亿美元。

在物联网爆炸式发展的过程中，目前的主要物联通信技术可能会成为一个制约因素。从通信技术与应用角度看，目前对于近距离的连接有蓝牙、NFC 等，中等距离连接技术主要采用 Zigbee，长距离广域连接技术主要靠 2G、3G 和 4G。然而，对于物联网中的低功耗-跳式广域连接这一类占据了半壁江山的应用，新的低功耗广域物联技术已成为人们的迫切期待。在这一背景下，NB-IoT（窄带物联网）应运而生。由于有着广覆盖、低功耗、大连接、低成本等突出优势，从 2015 年 9 月 NB-IoT 工作组成立起，短短两年多时间，NB-IoT 从芯片到模组、从平台到示范应用已经全面铺开。

为响应和贯彻工业和信息化部关于全面推进 NB-IoT 建设发展的精神，更好地促进 NB-IoT 产业发展，满足 NB-IoT 研究人员、工程研发人员以及高等院校师生对 NB-IoT 技术的理解，并能够以最快捷的速度进行 NB-IoT 的实战，缩短产品开发周期，我们编写了本书。本书最大的特点在于，书中提供了使用 NB-IoT 进行开发的从硬件设计、嵌入式设计到平台设计的全方面详细阐述，根据本书第 6 章和第 7 章具体的操作步骤，读者可完成一个完整的 NB-IoT 从硬件到软件到系统的实战，这对于读者掌握 NB-IoT 技术进行产品的开发是大有裨益的。

本书的前三章是后续章节实战的基础。为简明扼要，本书力图去繁化简，对系统和技术的关键点进行凝练，力图让读者以最短的时间掌握所需要的背景知识。本书第 1 章对 NB-IoT 进行了概述，第 2 章阐述了 NB-IoT 的关键技术，第 3 章阐述了 NB-IoT 的网络体系与应用架构，第 4 章介绍了 NB-IoT 应用系统组件，第 5 章介绍了 NB-IoT 实践工具包，第 6 章是 NB-IoT 终端实战手册，第 7 章为 NB-IoT 平台与应用实战手册。

　　全书由史治国、潘骏和陈积明负责统稿、审稿与定稿；参加本书编写的人员包括梁景雄、陈俊丰、胡康、张华夏、王琦、任彤。依托于浙江移动物联网开放实验室，本书的编写得到了浙江移动杭分政企部总经理翁其艳先生的大力支持，还得到了浙江大学、华为技术、中移物联以及 NB-IoT 联盟秘书长解运洲博士等单位和个人的大力支持，在此一并表示感谢。

　　由于编者水平有限，书中难免存在不足之处，欢迎读者批评指正。

编　者

2018 年 1 月

# 目　录

# 第 1 章　NB-IoT 概述

　　物联网从概念提出至今已经有二十多年，区别于互联网时代的人与人通过固定或移动终端互联，物联网以物体的连接为主导，将在全世界范围内建造万物互联互通的庞大网络。在这张庞大的网络上，所有的智能设备可以在任何时间与地点和人或对等的智能设备进行连接、管理以及数据的交互。显而易见，物联网将大大扩展人的感知范围，为人与物、物与物之间带来全新的信息交互方式。

　　近些年来，面向物联网的无线连接技术层出不穷，短距离的连接方式有 NFC、蓝牙、超宽带等，中等距离技术有 Zigbee、Wifi 等，而广域连接技术则主要为 2G、3G 和 4G。中短距离连接方式的物联网应用在智能家居等领域目前有较为广泛的应用；在广域连接场景，2G/3G/4G 虽然满足大部分的连接需求，但是 2G/3G/4G 面向移动终端的通信技术具有高功耗和高资费、连接数量相对有限等缺陷。因此，具有广域覆盖、支持大量连接的新一代低功耗、低成本连接技术已成为物联市场的迫切期待。

　　本章在介绍物联网技术发展历史的基础上，主要介绍一种新一代连接技术 NB-IoT[①]（Narrow Band Internet of Things，窄带物联网），从与 NB-IoT 发展相关的蜂窝物联网（Cellular IoT）和 LPWAN（低功耗广域网）展开，其后为读者介绍 NB-IoT 的技术特性以及发展历程，并对 NB-IoT 适合的市场应用领域进行初步探讨。

## 1.1　物联网演进

　　一般认为，物联网概念最早出现于比尔·盖茨 1995 年《未来之路》一书，也有认为是在 1991 年时由麻省理工学院（MIT）的教授提出的。在《未来之路》中，作者对未来世界可能出现的黑科技进行了想象力丰富的展望。其中，他描绘了一个"物物互联"的世界。在书中有这样一个例子：物联网摄像机可以随时随地发送消息，告知它当前所在的具体位

---

　　① 2017 年 6 月工业和信息化部发布的文件中将其称为"移动物联网"。在本书中，由于我们侧重于从技术层面对这一技术进行讲解，出于全书名词术语称呼统一的考虑，故后续部分使用"窄带物联网"一词，不另作说明。

置信息,如果摄像机丢失或者失窃了,不用担心,你仍可以随时找到它的位置信息。这在当时看起来是一个脑洞大开的想法,因为当时受限于硬件、传感器、无线网络、软件以及平台的发展水平,并未引起人们的足够重视。但是,现在回过头来看,不得不佩服比尔·盖茨当年的远见,现在我们每个人手中的手机同时也可以看成一台摄像机,这台摄像机就是一台当年比尔·盖茨想象中的物联网摄像机,它可以随时随地地汇报当前的位置信息。

时间到了 1999 年,Internet of Things(IoT,物联网)这个词由麻省理工学院的 Auto-ID 中心提出,但是当时的物联网主要指的是依托射频识别(RFID)技术的物流网络。随着技术的发展,在比尔·盖茨对物物互联展望十年后的 2005 年,国际电信联盟发布了《ITU 互联网报告 2005:物联网》,正式定义了"物联网",物联网的定义和范围发生了重大变化,涵盖范围有了较大的拓展,不再只是指基于 RFID 技术的物联网。这一报告对物联网的技术远景和发展进行了探讨,分析了市场前景和影响市场发展的因素,思考了阻止物联网发展和推广的多方面障碍,讨论了物联网在发展中国家和发达国家不同的战略需求,展望了物联网的美好前景与未来人类社会的物联新生态系统。

物联网发展的另外一个重要的时间节点是 2009 年。2009 年 1 月,奥巴马就任美国总统后,美国经济水平低迷,奥巴马为寻求经济发展的新驱动,与美国工商业、科技业等多个领域的领袖人物举行了一次"圆桌会议"。作为仅有的两名科技界代表之一,IBM 首席执行官彭明盛首次提出"智慧地球"这一概念,建议新政府投资新一代的智慧型基础设施,于是,当年美国将物联网列为振兴经济的两大重点之一,而另外一个振兴经济的重点是新能源产业。大约半年之后,2009 年 8 月,我国时任国务院总理温家宝在无锡发表重要讲话,提出"感知中国"的战略构想,表示中国要抓住机遇,抓紧发展物联网技术与产业,全国上下掀起物联网应用与研究的一波浪潮。

2016 年,在多种协议共存的物联网应用已经取得较大发展的历史背景下,国家"十三五"规划纲要明确提出"发展物联网开环应用",将致力于加强通用协议和标准的研究,推动物联网不同行业不同领域应用间的互联互通、资源共享和应用协同(图 1-1)。2016 年,另外一件物联网发展的大事是 NB-IoT 的主要标准冻结,意味着 NB-IoT 可以开始大规模的推广应用。仅仅在标准冻结一年之后,2017 年 6 月 19 日,工业和信息化部发布《关于全面推进移动物联网(NB-IoT)建设发展的通知》,提出建设广覆盖、大连接、低功耗移动物联网(NB-IoT)基础设施、发展基于 NB-IoT 技术的应用,有助于推进网络强国和制造强国建设、促进"大众创业、万众创新"和"互联网+"发展。

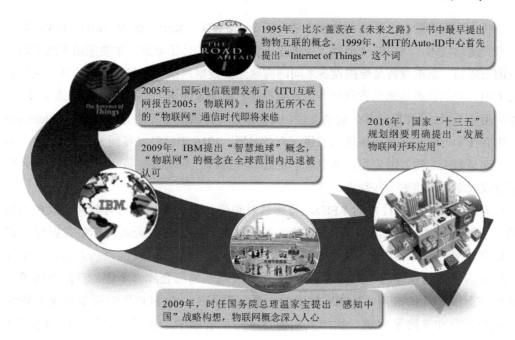

图 1-1
物联网历史演进

# 1.2 主要物联网通信技术

经过二十多年的发展，物联网通信的技术内涵已经由早期的 RFID 延伸开去，出现了各种各样的物联网技术。总结起来，曾经流行的比较成熟的物联网通信技术包括 RFID、UWB（超宽带通信技术）、Bluetooth（蓝牙技术）、Zigbee，Wifi、2G/3G/4G 技术。如果以覆盖距离为横轴，数据传输速率为纵轴，则可以画出这些技术生态的一个二维分布图，如图 1-2 所示。

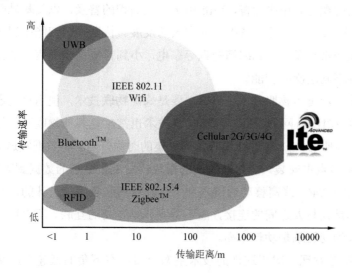

图 1-2
主要物联网通信技术生态分布图

从传输距离来看，近距离的技术主要有三个：UWB、Bluetooth 及 RFID。UWB 是一种无载波通信技术，利用纳秒至微微秒级非正弦波窄脉冲传输数据，主要应用在汽车防碰撞检测与通信、家电设备及便携设备之间的高速无线数据通信等。在近距离的几个主要通信技术中，它的特点是通信数据率可以做到很高。Bluetooth 是一种短距离无线通信技术，主要应用于手机、计算机及其外设的互联，以及音响与音频信号源的无线连接等。Bluetooth 这一物联技术近年来随着应用的需求也一直在发展，2016 年已经发展到 5.0 版本，这一版本也主要是为应对物联网应用，其中对于数据率以及通信距离都有很大程度的提升，且优化了物联网底层所需的一些功能。

作为最老牌的物联技术的 RFID，是通过射频信号自动识别目标对象并获取相关数据的。系统由标签、阅读器、天线组成，工作时候阅读器通过天线向标签发射射频信号，射频信号经由标签中相应的二进制串（即对应物体的 ID）反向调制并返回到阅读器，阅读器解调出物体的 ID 数据。RFID 主要应用于物流仓库、零售、产品防伪等，目前已获得很广泛的应用。RFID 技术的主要问题在于，批量识别时可能出现识别误差，此外还存在着隐私问题。比如人们的日常生活物品中，由于该物品（比如衣物）的拥有者不一定能够觉察该物品预先已嵌入有电子标签以及不被察觉地被扫描、定位和追踪。

对于中等距离物联技术，目前占主导地位的是 Zigbee 和 Wifi，通信距离在数十米至上百米。对于 Zigbee 这一技术的研究及应用，已经有十余年的历史了。这一技术最早被提出时的一个重要亮点是自组网，其一个典型的应用场景是，在一片荒无人烟的沙漠上，一架飞机飞过并撒下一批 Zigbee 传感节点，于是这些 Zigbee 节点就自动组成了一个无线传感网。自组网在学术界造就了一大批的研究论文，但是在工业界的应用中，一方面由于产品开发难度较大，开发周期较长，产品成本较高，一般的初创企业很难承受开发风险；另一方面由于后续需要专业人员进行网络维护，进一步加重了业主的经济负担，所以这一技术也渐渐淡出了人们的视野。相比而言，Wifi 由于其大面积的普及，以及基础网络架构的稳定，对于室内的物联应用，近些年获得了非常大的发展。特别是在智能家居领域，Wifi 物联技术的使用已经非常普及，大到冰箱空调等家电，小到音响甚至插座，都已经通过 Wifi 连接并实现了多种不同层次的智能。

对于远距离的广域覆盖物联技术，目前主要是蜂窝物联技术，使用移动通信运营商提供的 2G/3G/4G 实现对因特网的访问。蜂窝物联技术也常常是其他物联通信技术接入到因特网的一个入口。如使用 Zigbee 进行物联数据采集的时候，为了将数据发送到因特网，往往在 Zigbee 的汇聚节点中安装一个蜂窝物联的模块转发汇聚节点的数据到因特网。但是，需要注意的是，2G/3G/4G 蜂窝移动通信本身不是针对物联应用来设计的，其设计初衷针对的主要用户群体是人与人之间的连接，而不是物和物之间的互联。所以用于物联存在着天然的问题，最大的问题就是功耗太高。

观察图 1-2 不难发现，对于这样的技术生态分布，右下角的低速率广域覆盖物联技术还没有占绝对优势的成熟主流技术。这一类的应用，归纳起来，从应用需求层面看它们对速率要求较低，但是从技术要求层面看，这一类应用的最主要特征是低功耗广域连接，即要实现所谓的 Low Power Wide Area Networking (LPWAN)。那么，是不是因为 LPWAN 的这一类应用在整个物联应用中不重要，所以至今没有成熟的主流技术呢？答案是否定的。让我们来查看图 1-3。

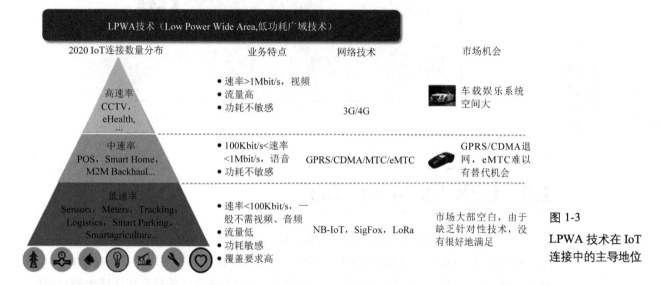

图 1-3
LPWA 技术在 IoT 连接中的主导地位

可以将整个物联网的应用按需要的通信速率分为三类，即高速、中速和低速，就能得到如图 1-3 所示的金字塔形的分布。其中，处于金字塔顶端的是高速应用，定义为速率大于 1Mbit/s，对功耗不敏感，使用的主要物联技术是 3G/4G，主要应用场景如车载娱乐系统等，具有较大的市场应用空间，但这类应用的数量是最少的。处于金字塔中间的是中速率的应用，这一类的应用速率一般在 100Kbit/s～1Mbit/s，对功耗不敏感，使用的主要物联技术包括 2G/3G/MTC/eMTC。这一类应用包括 M2M 主干通信、智能家居等，处于金字塔中间，数量比高速应用要多。MTC 是 Machine Type Communication 的缩写，eMTC 是指 enhanced MTC。处于整个金字塔底端对速率要求不高，但是对低功耗要求严格并且希望能够广域覆盖的应用，占了整个物联网应用的半壁江山，超过 70% 的应用是这一类应用。这一类 LPWA 的应用一般速率小于 100Kbit/s，一般不用于视频和音频传输，流量低，主要用于各类小型传感器、智能抄表、智慧农业、智能停车等应用场景，目前市场上缺乏有针对性的主流技术。因此，为了让图 1-2 变得完美"无缺"，迫切需要用 LPWA 技术对这张技术生态分布图进行补充，如图 1-4 右下角所示。

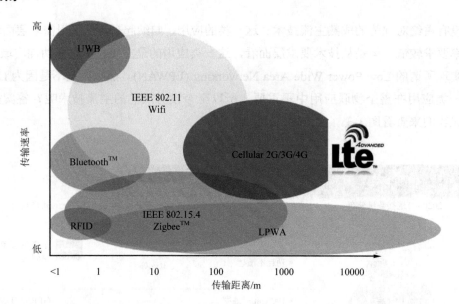

图 1-4
完整的物联网
通信技术生态
分布图

# 1.3　LPWAN 与 NB-IoT

LPWAN（Low Power Wide Area Network）是低功耗广覆盖技术的简称，其技术特点是传统短距离无线物联网应用场景上的延伸；LPWAN 技术具有更广的覆盖范围，节点终端功耗低，网络结构简单，运营维护成本也较低。尽管 LPWAN 的数据传送速率相对较低，但是已经能够满足远程抄表、共享单车等小数据量定期上报的应用场景，并且低功耗和广覆盖的特点能够使其部署和维护成本降低很多。

目前主流的 LPWAN 技术有 NB-IoT、LoRa、SigFox 等。LoRa 与 SigFox 技术致力于在公共领域建立各自免授权频段的 LPWAN 标准。LoRa 技术标准由美国 Semtech 研发，并在全球范围内成立了广泛的 LoRa 联盟，如国内 LoRa 联盟 CLAA（China LoRa Application Alliance）由中兴通信发起并推进。SigFox 技术标准则由法国 SigFox 公司研发，其使用的国外非授权频段与国内授权频段冲突，目前还没有获取到国内频段。因此，接下来将不再单独讨论 SigFox。

观察图 1-4 并分析后不难看出，NB-IoT 是一种从蜂窝物联技术往 LPWAN 过渡发展的技术，是在现有蜂窝通信的基础上为适应低功耗广域物联所做的改进，是由移动通信运营商以及其背后的设备商所推动的。而 LoRa 则可以看作是将 Zigbee 这一技术的通信覆盖距离进行扩展增加，以适应广域连接的要求。下面我们先回顾一下蜂窝通信技术及其在物联网中的应用。

1978 年，贝尔实验室先进移动电话业务系统（AMPS）的出现代表着移动通信技术的诞生，在此之后，移动通信技术的每一次更新迭代都深远地影响和改变着人们的日常生活。移动通信网络又称蜂窝网络，因其网络硬件构架而得名。蜂窝网络的基站覆盖的信号范围在地理位置上大致呈现六边形形状，从而使得整个网络看上去像是一个巨大的蜂巢，因此人们称其为"蜂窝网络"。

蜂窝网络发展至今已到达第四代（LTE，LTE-Advanced），第五代（5G）蜂窝网络已经提上日程，目前处于测试阶段，并未正式开始商用。5G 蜂窝网络相比 4G，支持更高的数据传输速率，支持数十万的并发连接，其覆盖能力相比 4G 有很大的提高，网络延迟相比 4G 显著降低。

5G 技术的另一个特点是将支持海量的物联网设备连接。根据权威机构 Gartner 的预测，2020 年全球物联网设备将达到千亿的连接量和数万亿的市场规模，而这些庞大的连接终端将有 20%～30% 适合使用蜂窝物联网来承载。这些蜂窝物联网承载设备将在智慧工业、智慧城市、智能家居以及智慧农业等方面发挥重要的作用。

蜂窝物联网是基于现有蜂窝网络的物联网技术的总称，现有蜂窝网络在满足用户终端数据传输的基础上，又承载了物联网终端设备的无线通信流量，将物联网设备网络传输需求同蜂窝移动通信技术结合起来。目前广泛使用的蜂窝物联网主要是在物联网终端安装 2G/3G/4G 模组，通过与移动终端相同的方式接入，这种方案的特点是通信速率较高，网络接入比较可靠，但也存在功耗大、维护成本高、覆盖面有限等问题。为了平滑过渡到 5G 网络兼容的 5G 物联时代，如图 1-5 所示，传统低速率的一些蜂窝物联应用将由原来使用 2G 蜂窝无线通信网转入到使用 NB-IoT 网络，而承载速率较高的一些蜂窝物联应用将转向使用 eMTC，并最终走向统一的 5G 互联与 5G 物联。因此，NB-IoT 是在传统蜂窝网络的基础上发展起来的，具有更低的使用和维护成本、更低的功耗、更广的覆盖能力以及更高的设备接入量。关于 NB-IoT 技术特征，将在 1.4 节进行较为详细的介绍。

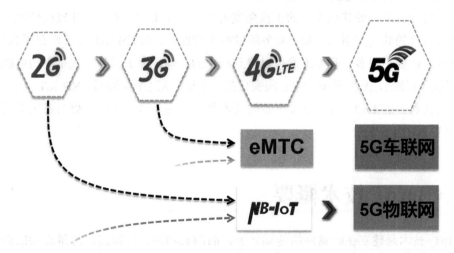

图 1-5
蜂窝物联及演进趋势

作为 LPWAN 的两种主要技术，NB-IoT 和 LoRa 的比较是 LPWAN 一个永恒的话题。表 1-1 给出了 NB-IoT 和 LoRa 的技术对比，对于表中的技术和相应的各个参数，请读者自行进行比较，此处不再赘述。事实上，LPWAN 中的各个协议标准很难单一地从技术层面上评价高低，它们在市场上也具有一定的互补性。在今后发展过程中，这些技术也将在各自擅长的领域对物联世界产生深远的影响。如果一定要进行比较的话，抛开具体技术参数，可以从两个层面进行比较。

表 1-1　NB-IoT 与 LoRa 技术对比

| 相关参数 | NB-IoT | LoRa |
|---|---|---|
| 频谱安全性 | GUL 牌照波段，安全性高 | 无执照波段，难以协调 |
| 建网成本 | 与现蜂窝网融合演进，成本低 | 独立建设网络 |
| 运营模式 | 运营商经营，广域物联 | 多个局域网运营 |
| 信道带宽 | 200kHz | 7.8～500kHz 多种带宽 |
| 调制方式 | 下行：OFDMA，上行：SC-FDMA | LoRa（线性扩频调制） |
| 典型速率 | 上行：14.7～48Kbit/s，下行：～150Kbit/s | 0.018～37.5Kbit/s |
| 用户容量 | 50k | 2k～50k |
| 覆盖距离 | 城区：1～8km，效区：可达 25km | 城区：2～5km，郊区：可达 15km |
| 电池寿命 | >10 年 | >10 年 |

第一个层面，由于 LoRa 工作在非授权频段，需要部署各自网络基站，对部署现场的空间结构、电源供应、运营商广域网络接入等有较高的要求，网络部署的成本较高，部署施工困难，一些条件较为恶劣的应用场景较难满足部署需求，而 NB-IoT 可以通过升级现有的蜂窝网络基站来提供网络部署，在网络部署上相比于 LoRa 更为方便；而另一方面，在涉及网络自主性方面，NB-IoT 对运营商的支持过于依赖，而 LoRa 网络的每一个环节网络构建方都掌握着自主性。

第二个层面，是从受其他系统的干扰角度考虑。由于 LoRa 工作在非授权频段，所以容易受到同频段的其他应用的干扰，服务质量得不到保障；而 NB-IoT 是工作在授权频段，相应的同频干扰要小很多，服务质量可以得到极大的保障。由于同频干扰是周边电磁环境决定的，是不可控制、无法预知且随时间变化的，因此，从这个层面看，NB-IoT 具有 LoRa 无法比拟的优势，而 LoRa 需要通过更多的技术手段来避免这一问题，势必带来部署上新的问题和挑战。

# 1.4　NB-IoT 技术概要

NB-IoT 技术是建立在蜂窝网络基础之上，面向低功耗、广覆盖、海量连接的新型物联网技术，是一种典型的低功耗广覆盖技术。相比于 LoRa 与 SigFox，NB-IoT 结合了蜂窝物联网与 LPWAN 网络的优点，直接接入蜂窝网络可以很大程度上简化网络结构，减少部署和维护的难度，同时做到了低成本、低功耗、广覆盖和大连接，非常适合低频、小数据包、通信时延不敏感的物联网业务。

　　NB-IoT 技术相比蜂窝网络（2G/3G/4G）可以获得 20dB 的信号增益（灵敏度提升 100 倍），在地下车库、地下室、管道网络、火车和地铁隧道等无线信号难以到达的地方都可以实现更好的全区域覆盖。

　　NB-IoT 通过减少不必要的命令，使用更长的寻呼周期，使设备通信模组进入休眠 PSM 状态，以及简化协议和优化模组芯片制程、减少发射和接收时间等方法进行省电，使得若干场景下的普通电池续航可以达到 10 年之久，NB-IoT 模组极低的功耗使得物联网终端维护成本大大降低。

　　NB-IoT 网络结构简单，部署维护成本低，低速率要求也可以降低终端节点的设计复杂度。NB-IoT 基于蜂窝网络，可以直接部署在现有蜂窝网络环境中，继承蜂窝网络的安全加密机制，确保了数据的安全性。

　　NB-IoT 基站的单个扇区可以承载超过 5 万个终端节点与核心网的连接，相比较之前的蜂窝物联网，连接数量上有百倍的提升。

　　使用 NB-IoT 的产品目前已经出现在我们的生活中，在智能停车、智能路灯、共享单车、智能井盖、远程抄表、智能建筑等方面均有产品上市。NB-IoT 技术正在市场驱动下逐步走向完善，相关技术将在产品的不断迭代更新中走向成熟。

# 1.5　NB-IoT 发展历程

　　NB-IoT 标准的研究和标准化工作由标准化组织 3GPP（The 3rd Generation Partnership Project）进行推进，3GPP 由中、美、欧、日、韩标准化组织在 1998 年 12 月签署组建，以完成第三代移动通信系统（3G）制定统一的技术规范，目前其指定技术标准范围已经延伸到 5G。

　　如图 1-6 所示，NB-IoT 技术最早由华为和英国电信运营商沃达丰共同推出，并在 2014 年 5 月向 3GPP 提出 NB M2M（Machine to Machine）的技术方案。2015 年 5 月华为与高通宣布 NB-M2M 融合 NB-OFDMA（Orthogonal Frequency Division Multiple Access）窄带正交频分多址技术形成 NB-CIoT（Cellular IoT）。与此同时，爱立信联合英特尔、诺基亚在 2015 年 8 月提出与 4G LTE 技术兼容的 NB-LTE 的方案。2015 年 9 月，在 3GPP RAN#69

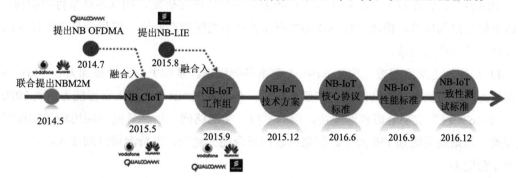

图 1-6

NB-IoT 发展历程

次会议上，NB-CIoT 与 NB-LTE 技术融合形成新的 NB-IoT 技术方案。经过复杂的测试和评估，2016 年 4 月，NB-IoT 物理层标准冻结，两个月后，NB-IoT 核心标准方案正式冻结，NB-IoT 正式成为标准化的物联网协议。2016 年 9 月，NB-IoT 性能标准冻结；2016 年 12 月，NB-IoT 一致性测试标准冻结。

2017 年初，NB-IoT 网络被工业和信息化部《国家新一代信息技术产业规划》列为信息通信行业"十三五"重点工程之一。

2017 年 4 月，海尔、中国电信、华为签署合作协议，共同研发新一代物联网智慧生活方案。

2017 年 5 月，上海联通公司完成上海市的 NB-IoT 商用部署，并在上海国际旅游度假区与华为共同发布 NB-IoT 技术的智能停车方案，目前，华为 NB-IoT 模组 Boudica 出货量已经超过百万。

2017 年 6 月，工业和信息化部发文明确，将从加强 NB-IoT 标准与技术研究、打造完整产业体系，推广 NB-IoT 在细分领域的应用、逐步形成规模应用体系，优化 NB-IoT 应用政策环境、创造良好可持续发展条件等三方面采取 14 条措施，全面推进 NB-IoT 建设发展。具体而言：

工信部关于全面推进 NB-IoT 建设发展的文件

**1. 加强 NB-IoT 标准与技术研究，打造完整产业体系**

1）引领国际标准研究，加快 NB-IoT 标准在国内落地。加强 NB-IoT 技术的研究与创新，加快国际和国内标准的研究制定工作。在已完成的 NB-IoT 3GPP 国际标准基础上，结合国内 NB-IoT 网络部署规划、应用策略和行业需求，加快完成国内 NB-IoT 设备、模组等技术要求和测试方法标准制定。加强 NB-IoT 增强和演进技术研究，与 5G 海量物联网技术有序衔接，保障 NB-IoT 持续演进。

2）开展关键技术研究，增强 NB-IoT 服务能力。针对不同垂直行业应用需求，对定位功能、移动性管理、节电、安全机制以及在不同应用环境和业务需求下的传输性能优化等关键技术进行研究，保障 NB-IoT 系统能够在不同环境下为不同业务提供可靠服务。加快 eSIM/软 SIM 在 NB-IoT 网络中的应用方案研究。

3）促进产业全面发展，健全 NB-IoT 完整产业链。相关企业在 NB-IoT 专用芯片、模组、网络设备、物联应用产品和服务平台等方面要加快产品研发，加强各环节协同创新，突破模组等薄弱环节，构建贯穿 NB-IoT 产品各环节的完整产业链，提供满足市场需求的多样化产品和应用系统。

4）加快推进网络部署，构建 NB-IoT 网络基础设施。基础电信企业要加大 NB-IoT 网络部署力度，提供良好的网络覆盖和服务质量，全面增强 NB-IoT 接入支撑能力。到 2020 年，NB-IoT 网络实现全国普遍覆盖，面向室内、交通路网、地下管网等应用场景实现深度覆盖，基站规模达到 150 万个。加强物联网平台能力建设，支持海量终端接入，提升大数据运营能力。

**2. 推广 NB-IoT 在细分领域的应用，逐步形成规模应用体系**

1）开展 NB-IoT 应用试点示范工程，促进技术产业成熟。鼓励各地因地制宜，结合城市管理和产业发展需求，拓展基于 NB-IoT 技术的新应用、新模式和新业态，开展 NB-IoT 试点示范，并逐步扩大应用行业和领域范围。通过试点示范，进一步明确 NB-IoT 技术的适用场景，加强不同供应商产品的互操作性，促进 NB-IoT 技术和产业健康发展。2017 年实现基于 NB-IoT 的 M2M（机器与机器）连接超过 2000 万，2020 年总连接数超过 6 亿。

2）推广 NB-IoT 在公共服务领域的应用，推进智慧城市建设。以水、电、气表智能计量、公共停车管理、环保监测等领域为切入点，结合智慧城市建设，加快发展 NB-IoT 在城市公共服务和公共管理中的应用，助力公共服务能力不断提升。

3）推动 NB-IoT 在个人生活领域的应用，促进信息消费发展。加快 NB-IoT 技术在智能家居、可穿戴设备、儿童及老人照看、宠物追踪及消费电子等产品中的应用，加强商业模式创新，增强消费类 NB-IoT 产品供给能力，服务人民多彩生活，促进信息消费。

4）探索 NB-IoT 在工业制造领域的应用，服务制造强国建设。探索 NB-IoT 技术与工业互联网、智能制造相结合的应用场景，推动融合创新，利用 NB-IoT 技术实现对生产制造过程的监控和控制，拓展 NB-IoT 技术在物流运输、农业生产等领域的应用，助力制造强国建设。

5）鼓励 NB-IoT 在新技术新业务中的应用，助力创新创业。鼓励共享单车、智能硬件等"双创"企业应用 NB-IoT 技术开展技术和业务创新。基础电信企业在接入、安全、计费、业务 QoS 保证、云平台及大数据处理等方面做好能力开放和服务，降低中小企业和创业人员的使用成本，助力"互联网+"和"双创"发展。

**3. 优化 NB-IoT 应用政策环境，创造良好的可持续发展条件**

1）合理配置 NB-IoT 系统工作频率，统筹规划码号资源分配。统筹考虑 3G/4G 及未来 5G 网络需求，面向基于 NB-IoT 的业务场景需求，合理配置 NB-IoT 系统工作频段。根据 NB-IoT 业务发展规模和需求，做好码号资源统筹规划、科学分配和调整。

2）建立健全 NB-IoT 网络和信息安全保障体系，提升安全保护能力。推动建立 NB-IoT 网络安全管理机制，明确运营企业、产品和服务提供商等不同主体的安全责任和义务，加强 NB-IoT 设备管理。建立覆盖感知层、传输层和应用层的网络安全体系。建立健全相关机制，加强对用户信息、个人隐私和重要数据的保护。

3）积极引导融合创新，营造良好发展环境。鼓励各地结合智慧城市、"互联网+"和"双创"推进工作，加强信息行业与垂直行业融合创新，积极支持 NB-IoT 发展，建立有利于 NB-IoT 应用推广、创新激励、有序竞争的政策体系，营造良好发展环境。

4）组织建立产业联盟，建设 NB-IoT 公共服务平台。支持研究机构、基础电信企业、芯片、模组及设备制造企业、业务运营企业等产业链相关单位组建产业联盟，强化 NB-IoT

相关研究、测试验证和产业推进等公共服务，总结试点示范优秀案例经验，为 NB-IoT 大规模商用提供技术支撑。

5）完善数据统计机制，跟踪 NB-IoT 产业发展基本情况。基础电信企业、试点示范所在的地方工业和信息化主管部门和产业联盟，要完善相关数据统计和信息采集机制，及时跟踪了解 NB-IoT 产业发展动态。

综上所述，NB-IoT 技术的演进发展与各方巨头利益博弈息息相关，但是制定全球规范统一的标准也是物联网技术发展的大势所趋，3GPP 在协议标准商议过程中充分考虑了各方利益以及技术指标，综合考虑形成现在的 NB-IoT 技术体系。

# 1.6  NB-IoT 应用场景

NB-IoT 在短短的两年发展时间内，已经落地了诸如远程抄表、智能停车、共享单车等丰富的应用。NB-IoT 低功耗、广覆盖、低成本、大连接的技术优势正在生活中的各个领域落地生根。

## 1.6.1  智慧城市

智慧城市的建设与发展离不开物联网、互联网、大数据、云计算等技术的支撑。城市是一个巨大的生态系统，除了不同身份的居民之外，还有如电力、公交、医院、学校、环境等不同职责的职能部门，这些不同职能部门发挥各自的职责，从而支撑城市的正常运转。针对不同职责部门提升效率的行业应用是智慧城市的关注点。

智慧城市系统在纵向可以分为综合感知、可靠传输和智能处理三个部分。其中，信息的传输是非常重要的环节，技术可靠性与部署成本成为重要的度量因素。下面对智慧城市中部分适合使用 NB-IoT 方案的场景进行介绍。

### 1. 智能抄表

常用的检测表计包括水表、电表、燃气表等；它们一般采用固定安装的方式，分布离散且遍布各地。传统的抄表方式一般为委派专门的抄表员上门对各类表计进行读数，效率低下，并且存在人工操作误差等问题。远程抄表系统专门针对数据量少、功耗低的场景设计，智能抄表终端与应用服务器之间采用双向通信功能，在提供测量、收集、存储、分析用户对表计资源使用情况之外，也可以向用户提供实时定价和远程开关的服务。运营企业根据输送网路各个环节的抄表值核算，也可以快速定位管网的漏损段，此方式改变了人工逐一排查的漏点检测方式，提高了管网排查效率。此外，智慧抄表的远程数据传输功能还可以使政府以及相关运营企业通过掌握的用户大数据，对资源进行科学的配置和优化，达到效率最大化以及节能减排的目的。

智能抄表系统一般由测量模块、数据处理模块、通信模块和应用系统等组成。测量模块采用针对测量物设计的物理测量单元和模/数转换模块,将待测的物理量转化为数字信号量,例如采用电压电流芯片测量用电量,采用超声波、孔板流量计来测量流量等。采样后的电信号通过 MCU 的处理计算,将结果进行存储、显示输出或通信发送到应用服务器,应用服务器对这些数据进行处理和显示输出。

智能抄表通信系统最早使用总线的网络连接方式,然而总线方式的部署和维护成本非常高,并且许多场景布线困难,存在很大的缺点。近些年演化到使用 Zigbee、GPRS 等无线通信方式,在网络部署方面比较便利,但是仍然存在信号干扰和穿透能力有限等问题,智能抄表通信系统需要一项信号穿透性强、覆盖面积广、功耗控制强的通信技术,NB-IoT 的技术特点非常好地满足了这些需求。NB-IoT 电表集抄器如图 1-7 所示。

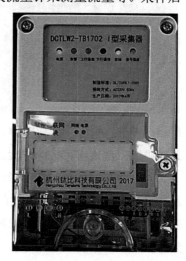

图 1-7
NB-IoT 电表集抄器

## 2. 智能停车

智能停车是智慧城市规划和智能交通子系统中一个具有重要意义的应用。智能停车系统致力于通过物联网技术将城市分散的停车场地资源连接起来,整合城市停车系统实时采集上报资源数据信息,通过城市的管理平台发布实时车位信息,通过 APP 或者开放接口将车位的实时情况开放给用户和第三方平台,减少城市寻找车位的无效车流量和油耗损失,从而提高整个交通系统的运转效率。

传统的停车车位需要有专门的人员进行管理,存在管理效率低下和结算费用“跑冒滴漏”现象。若采用物联网智能停车系统管理以及加入征信系统等方式,便可以实现停车信息公开、系统公平核算、车位管理的自动化。

智能停车系统可由三部分组成:车辆检测系统、通信系统和上层应用服务系统。其架构图如图 1-8 所示。车辆检测系统通过地磁传感器和超声波距离传感器等检测车位的使用情况,如图 1-9 所示,收费停车场还使用图像识别等技术检测车辆的车牌号来对车进行标识以提供收费依据。车辆检测技术

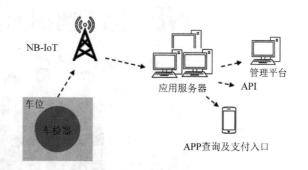

图 1-8
智能停车系统架构图

目前已经有很多成熟的解决方案,智能停车方案推广的障碍在于许多地下停车场通信网络覆盖不足,车辆检测信息不能实时发送出去,成为制约城际大型智能停车系统发展的瓶颈。

NB-IoT 技术方案可以很好地解决此问题,NB-IoT 的强穿透性和低功耗使得地下停

图 1-9
智能停车系统
检测传感器
（图源自网络）

车通信不再是制约智能停车业务发展的瓶颈，车辆检测装置即装即用，电池更换周期也变得更长。

**3. 共享单车**

共享单车的出现将国内共享商业模式推向高潮。共享单车没有城市公共自行车办证复杂、停车桩位置调度冲突等问题，办理注册只需要支付相应押金，自行车随取随停，有效地解决了短距离出行问题，为绿色出行的节能减排计划提供了一份现实可行的方案。

共享单车的电子车锁形形色色，有使用自动开关的 GPRS 连接方式，也有蓝牙解锁以及按键解锁方式。GPRS 模式的车锁采用 GSM 网络和 GPS 定位技术，GPRS 模块定期向应用服务系统发送状态包（或称心跳包）更新设备的在线状态和位置状态，应用服务器收到用户解锁请求后发送命令包给 GSM 模块进行开锁。在开锁状态，GSM 模块会缩短上报周期，以实时获取自行车的地理位置；当落锁后，GSM 模块便处于休眠状态以达到省电的目的，尽管共享单车通过太阳能电池板和花鼓自发电等方式给锂电池进行供电，但耗电量依旧较高。另外在地铁站、公交车站等交通枢纽地段，共享单车停放数量比较密集，解锁成功率将大大降低，这是由于 GSM 网络承载能力有限，在网络堵塞的情况下通信成功率变得很低。

NB-IoT 方案下的共享单车（图 1-10）能够有效克服这些问题。NB-IoT 终端的功耗消耗比较低，即使不用外部供电的方式，也可以将共享单车从数月内更换一次电池延长到数年；NB-IoT 基站支持大连接，在单车分布密集的区域能够保证单个设备的正常通信；另外 NB-IoT 的广覆盖特性可以使得即使在地下车库的共享单车也可以实现有效的通信。因此，NB-IoT 方案的使用将会促进共享单车的用户体验和管理效率进一步得到提升。

图 1-10
NB-IoT 方案的
共享单车正式
商用（图源自
网络）

此外，NB-IoT 在智慧路灯、智能垃圾桶、环境检测、隧道消防、资产定位追踪等智慧城市领域也有丰富的应用场景。

## 1.6.2　智慧工厂

未来工业朝着智能化信息化生产、资源节约型、高效型的方向不断迈进，智慧工厂可以实时收集和发送工厂运转中产生的各种数据，通过传感器、通信系统、控制器将工业生产环节的物和物连接起来，在达到自动化控制的基础上，通过大数据分析提高生产效率、节省能源和成本消耗。

在目前大量使用局域网络检测传输数据的电力、石油、铁路、煤炭等系统中，网络覆盖范围的局限性以及节点供电困难一直是检测部署的难题；NB-IoT 技术的出现使工业应用使用廉价的公共网络成为可能，工业物联网可以直接通过蜂窝网络和广域网连接，降低了部署的复杂度。但是需要进一步考虑的是，对于一些工业应用使用外网来进行数据传输存在安全性的问题，在使用 NB-IoT 进行工业场景部署时还要依据具体业务环境来决定。

工业现场许多场景是设备位于不同地理位置并且相隔较远，不具备有线网络铺设的条件，如风力发电厂的多风力发电机系统以及多油气开采平台等，此类场景的设备监控和维护就变得非常困难，靠管理人员定期检查维护难以实时了解设备的运行状况，此类场景需要合适的无线通信协议来实现系统各部分运行状况的数据上报工作。NB-IoT 协议在此方面也具有一定的应用前景，各种传感技术与设备系统相结合可以实时获取系统运行状态，通过广覆盖低功耗窄带物联网可以定期将状态数据上报管理系统，使得管理者清晰、直观地了解设备的运行状况，从而对设备的运行状况进行评估。

另外，NB-IoT 也可以应用到工业生产链管理网络当中，工业生产链管理需要以工业物联网技术为基础，对企业内部的生产线的输入和输出作精准的追踪、控制、调配和协调，可以实时反映生产线生产状态，提高决策效率和生产运营效率。

对于传统的不具有远传功能的系统，基于 NB-IoT 的数据传输模块（DTU Data Transfer Unit）可以采集工业现场传输的数据传输到网络平台，实现低成本的传统设备升级。如图 1-11 所示为钛比科技开发的基于 NB-IoT 的 DTU 模块。

图 1-11
钛比科技开发的基于 NB-IoT 的 DTU 模块

## 1.6.3　智慧农业

农业是社会发展的根基，我国农业总产量位居世界前列，但是仍然处在劳动密集型阶段，自动化程度不高和信息化程度低一直制约着我国农业的现代化发展。传统农业的作物生产环节都是必须有人参与的，决策控制主要靠人的判断，而人获取信息的渠道又是有限的，决策执行的环境未必是适合作物生产的最佳区间。这种依靠人为经验判断的管理方式存在许多误差，一旦造成损失，决策信息的模糊对问题定位也会带来障碍。

现代智慧农业体系建立在大量传感器节点之上，通过节点采集到的数据分析帮助农业管理者发现问题，并通过专属网络对各种自动化、远程控制的设备施加控制，管理者可以清楚地查询到历史数据，第三方机构也可以针对这些数据定制作物生长状态分析软件，辅助管理者进行决策。

农业环境检测是智慧农业中必不可少的一部分。农业环境检测系统由各类农业领域的传感器节点组成，这些传感器包括土壤水分检测传感器、温度传感器、湿度传感器、环境光传感器、雨量传感器、土壤酸碱度传感器等，还有土壤肥力的土壤氨氮检测仪等设备可以对作物生产环境作细致的检测，网络摄像头可以对病虫害作判断。

从农业现场的情况来看，实现大规模部署有线传感网络，部署和维护成本都是相当高的，节点供电存在很多安全隐患。采用运营商 GPRS 模块虽然解决了部署问题，但是功耗控制和并发超载仍然无法得以解决。NB-IoT 技术可以有效解决农业环境检测系统中的问题，运营商的蜂窝网络趋于全覆盖，终端节点的功耗控制较为理想，不需要额外增加供电解决方案，方便了安装和维护，解决了农业传感网络的部署痛点。另外，NB-IoT 在畜牧业中也有丰富的应用，如基于 NB-IoT 的动物发情检测、沼气浓度检测等，如图 1-12 所示为杭州钛比科技开发的 NB-IoT 沼气浓度检测终端。

图 1-12
杭州钛比科技开发的 NB-IoT 沼气浓度检测终端

# 本章小结

本章介绍了蜂窝物联网以及 LPWAN（低功耗广域网络）场景。在众多物联网场景中，LPWAN 相较于传统 2G/3G/4G 网络能够更好地满足广域低功耗的部署需求，填补了市场此类应用对技术需求的空缺。

NB-IoT 技术与传统蜂窝网络兼容，在标准冻结后的两年以来得到上下游供应商大力的支持；运营商作为 NB-IoT 网络中重要的环节进行了积极的市场推广，针对各个行业的 NB-IoT 解决方案也在不断推出和演进，有着非常广阔的应用前景。

## 参 考 文 献

比尔·盖茨，纳丹·迈沃尔德，彼得·里内尔松，1996. 未来之路[M]. 北京：北京大学出版社.

戴博，袁弋非，余媛芳，2016. 窄带物联网（NB-IoT）标准与关键技术[M]. 北京：人民邮电出版社.

戴国华，余俊华，2016. NB-IoT 的产生背景、标准发展以及特性和业务研究[J]. 移动通信，40(07):31-36.

工业和信息化部，2017. 工业和信息化部办公厅关于全面推进移动物联网（NB-IoT）建设发展的通知[EB/OL].[2017-6-16].

华为公司，2017. NB-IoT 智慧燃气解决方案白皮书 2017 版[EB/OL].http://www-file.huawei.com/-/media/CORPORATE/PDF/News/NB-IoT-Smart-Gas-Solution-White-Paper-CN.pdf?la=zh.

解运洲，2017. NB-IoT 技术详解与行业应用[M]. 北京：科学出版社.

刘云浩，2017. 物联网导论[M]. 3 版. 北京：科学出版社.

张阳，王西点，王磊，等，2017. 万物互联 NB-IoT 关键技术与应用实践[M]. 北京：机械工业出版社.

中国电信，华为公司，2017. NB-IoT 智慧水表白皮书[EB/OL]. http://www.huawei.com/minisite/iot/img/smart_water_cn.pdf.

3GPP, 2016. Architecture enhancements to facilitate communications with packet data networks and applications(Release 14): 3GPPTS 23.682[S].

3GPP, 2015. Cellular system support for ultra-low complexity and low throughput Internet of Things (CIoT) (Release 13):3GPP TR 45.820 [S].

3GPP, 2016. Narrowband Internet of Things(NB-IoT);Technical Report for BS and UE radio transmission and reception (Release 13):3GPP TR 36.802 [S].

3GPP, 2016. Revised Work Item:Narrowband IoT (NB-IoT):3GPP RP-152284[S].

3GPP, 2016. Study on architecture enhancements for Cellular Internet of Things(Release 13):3GPP TR 23.720 [S].

3GPP, 2013. Study on Enhancements to MachineType Communications(MTC)and other Mobile Data Applications;Radio Access Network(RAN) aspects (Release 12):3GPP TR 37.869 [S].

3GPP, 2013. Study on provision of low-cost Machine-Type Communications(MTC) User Equipments (UEs) based on LTE(Release 12). 3GPP TR 36.888[S].

3GPP, 2015. Study on system impacts of extended Discontinuous Reception(DRX)cycle for power consumption optimization(Release 13):3GPP TR 23.770 [S].

http://www.miit.gov.cn/n1146285/n1146352/n3054355/n3057674/n3057678/c5692287/content.html.

# 第 2 章　NB-IoT 关键技术

## 2.1　NB-IoT 技术概述

移动通信正经历着从人与人的连接，向人与物以及物与物的连接迈进，万物互联是必然趋势。相比 Wifi、蓝牙和 Zigbee 等中短距离通信技术，移动蜂窝网络具备广覆盖、可移动以及大连接数等优势，能够支撑更加丰富的应用场景，理应成为物联网的主要连接通信方式。

作为 LPWA 的一种典型技术，NB-IoT 的目标是解决当前使用蜂窝网于 LPWA 应用中的主要痛点问题。总结起来，主要痛点（图 2-1）表现在如下四个方面。

（1）典型场景网络覆盖不足

具体而言，传统蜂窝网的覆盖设计主要针对的用户是人。人的活动范围往往是有限的而且是有规律的，即使在一些信号覆盖较弱的地方，可能也是短暂停留；而物联网各类应用中的物的存在范围却是大大增加了，比如一些野外监控的场景可能是很偏僻的地方，传统的蜂窝网覆盖信号很弱甚至没有覆盖。更糟糕的是，对于物联网应用而言，这类节点不是短暂地在信号很弱的区域，而很可能就是长期部署在该位置的，如偏僻野外的环境监控系统、地下车库的停车系统等。这些应用场景下，物联网对网络覆盖的要求更高，现有的网络覆盖存在着不足。

（2）终端功耗过高

当前蜂窝网络的终端模组，设计时考虑的主要用户对象为人。根据人的使用习惯，每天不是 24 小时工作的，在人的休息时间可以对终端进行充电，所以电池是可以每天充电的。但是在物联网应用中，希望一块电池充满后可以工作几个月甚至几年。主要原因在于，当前蜂窝网络通信机制的设计，使得终端一直是在线而且要不停响应基站的心跳数据包，所以即使设计上做大量优化，功耗依然很难降低，需要从总体方案上重新设计一种新的针对物联特征的蜂窝系统。

（3）无法满足海量终端要求

在移动互联网时代，接入基站的用户数目和社会中的人的数目是一个数量级的，所以传统的蜂窝网设计中，每个基站的用户接入数量往往是有限的。比如 GPRS 网络中每个基站的同时接入用户数量在几百以内，而 LTE 网络每个基站的接入用户数量可以上千；但是对于物联终端而言，这个数量还是远远不够的，比如之前某品牌共享单车使用 GPRS 作为物联通信方案时，就出现过上下班高峰期在地铁站附近的单车无法操作的问题，原因就在于网络基站无法同时支持大量终端的连接。这也是设计新的面向物联的蜂窝系统需要考虑的问题。

（4）综合成本高

物联网应用数量巨大、终端种类多、批量小、业务开发门槛高，所以使得使用传统蜂窝网络来实现物联具有较高的成本。传统蜂窝网络针对用户为人、用户数量有限，单个终端即使价格数千，用户也是可以接受的。但是在物联应用中，数目巨大的终端使得成本成为系统的一个重要考量。

图 2-1

传统蜂窝物联网的 LPWA 应用痛点

为解决上述四个痛点问题，相应的基于蜂窝通信技术的新一代窄带物联网（NB-IoT）具备四大特点。

（1）广覆盖

在同样的频段下，NB-IoT 相比现有移动通信网络具有 20dB 增益，相当于提升了 100 倍的信号接收能力，大大增强了网络的覆盖能力。因此，可以对地下车库、地下室和管道井以及野外等现有移动网络信号难以到达的地方实现信号覆盖。

（2）大连接

NB-IoT 可以比现有蜂窝无线技术提供 50～100 倍的接入数，支持每个小区高达 5 万个用户终端（User Equipment，UE）与核心网的连接。

（3）低功耗

NB-IoT 技术通过精简不必要的信令、使用更长的寻呼周期及终端进入节电模式等机制实现降低功耗的目标，预期一些需要长生命周期的终端模块待机时间可长达 10 年。

（4）低成本

通过控制传输速率、工作功耗和带宽，有利于降低终端的复杂度，实现终端的低成本。市场普遍预期单个模组价格可以低于 5 美元。

综上，NB-IoT 工作在授权频谱，适合低延时敏感度、超低的设备成本要求和低设备功耗的物联网应用，聚焦低功耗广覆盖物联网市场，是一种可在全球范围内广泛应用的新兴物联网通信传输技术。

# 2.2  广覆盖技术

NB-IoT 上下行有效传输带宽为 180kHz，下行采用正交频分复用技术（Orthogonal Frequency Division Multiplexing，OFDM），子载波带宽与 LTE 相同，均为 15kHz；上行有两种传输方式：单载波传输和多载波传输，其中单载波传输的子载波带宽有 3.75kHz 和 15kHz 两种，多载波传输的子载波间隔为 15kHz，支持 3、6、12 个子载波的传输。

NB-IoT 支持三种部署方式，分别是独立部署（Stand Alone Operation）、保护频段部署（Guard Band Operation）以及频段带内部署（In Band Operation），具体阐述如下。

① 独立部署（Stand Alone Operation）方式  利用现网的空闲频谱或者新的频谱进行部署，不与现行 LTE 网络或其他制式蜂窝网络在同一频段，不会形成干扰，如图 2-2 所示。

图 2-2
独立部署方式

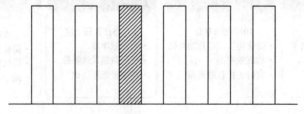

② 保护频段部署（Guard Band Operation）方式  利用 LTE 边缘保护频段中未使用的 180kHz 带宽的资源块，最大化频谱资源利用率，如图 2-3 所示。

图 2-3
保护频段部署
方式

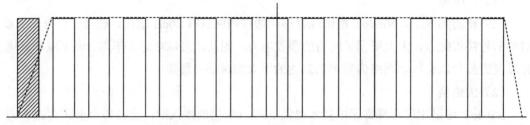

DC

③ 频段内部署（In Band Operation）方式　占用 LTE 的一个物理资源块（Physic Resource　Block）资源来部署 NB-IoT，如图 2-4 所示。

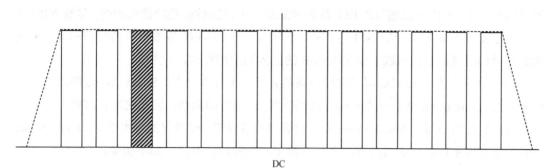

DC

图 2-4
频段内部署方式

移动网络的覆盖评估分析指标一般采用最大耦合损耗（Maximum Coupling Loss，MCL），MCL 是指接收端为了能正确地解调发射端发出的信号，整个传输链路上允许的最大路径损耗（以 dB 计）。NB-IoT 设计目标是在 GSM 网络的基础上覆盖增强 20dB，以 GSM 网络 144dB 最大耦合路损作为基数计算的话，则 NB-IoT 设计的最大耦合路损为 164dB。

在覆盖增强设计方面，技术手段上主要依靠两种实现方法，一是通过窄带设计提高功率谱密度；二是通过重复传输来提高覆盖能力，如图 2-5 所示。具体而言，当使用 200mW 发射功率的时候，如果占用整个 180kHz 的带宽，则功率谱密度为 200mW/180kHz，但是如果将功率集中到其中的 15kHz 的话，则功率谱密度可以提升 12 倍，意味着灵敏度可以提升 10lg(12)=10.8dB，这是通过窄带设计可以获得的增益。通过重复传输，最多重传次数可达 16 次，可以获得的增益为 3～12dB，这是通过重传可以获得的增益。两者相加，即可达到 20dB 左右的增益。

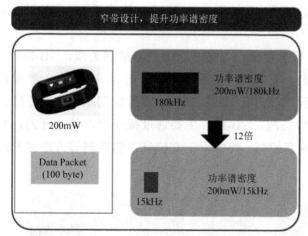

图 2-5
覆盖能力提升
的技术手段

具体到 NB-IoT 的下行链路，主要是依靠增加各信道的最大重传次数以获得覆盖增强。通过增加重复传输次数，终端在接收时，对接收到的重复内容进行合并，尽管会降低数据的传输速率，但却能使整体译码后的误码率大大降低。

对于 NB-IoT 上行链路，其覆盖增强可以来自于前述两方面，一方面是在极限覆盖情况下，NB-IoT 采用单子载波进行传输，其功率谱密度可得到较大幅度的提升，从而提升覆盖能力；另一方面可以通过增加上行信道的最大重传次数以获得覆盖增强。尽管 NB-IoT 终端上行发射功率 23dB 比 GSM 的 33dB 低 10dB，但 NB-IoT 传输带宽的变窄和最大重复次数的增加可以使上行信道工作在 164dB 的最大路损指标内。

NB-IoT 三种部署模式均可以实现该覆盖目标。下行方向上，Stand Alone 的功率可进行独立配置。In Band 及 Guard Band 的功率受限于 LTE 的功率，因此这两种方式下需要多次重复次数才能获得与 Stand Alone 方式同等的覆盖水平。在相同覆盖水平下，Stand Alone 方式的下行速率性能优于另两者；上行方向上，三种部署方式区别不明显。

# 2.3 大连接技术

为了满足万物互联的需求，NB-IoT 技术标准关注重点不在于用户的无线连接速率，而是每个站点可以支持的连接用户数。当前的通信基站主要是保障用户的并发通信和减少通信时延，而 NB-IoT 对业务时延不敏感，可以设计更多用户接入，保存更多用户上下文，因此 NB-IoT 有 50～100 倍的上行容量提升，设计目标为每个小区 5 万连接数，大量终端处于休眠状态，其上下文信息由基站和核心网维持，一旦终端有数据发送，可以迅速进入连接状态。注意，此处的表述是可以支持每个小区 5 万个连接数，并没有说可以支持 5 万个并发连接，只是保持 5 万个连接的上下文数据和连接信息。在 NB-IoT 系统的连接仿真模型中，80%的用户业务为周期上报型，20%的用户业务为网络控制型，在该场景下可以支持 5 万个连接的用户终端。事实上，能否达到该设计目标还取决于小区内实际终端业务模型等因素。

由如图 2-6 所示的 NB-IoT 连接模型可知，与传统通信网络规划类似，NB-IoT 容量规划需要与运营商覆盖规划相结合，需同时满足覆盖和容量的要求；同时，容量规划需根据话务模型和组网结构对不同区域进行设计；此外，容量规划除考虑业务能力外，还需要考虑信令等各种无线空口资源。NB-IoT 主要通过减少空口信令开销，并对基站进行优化，设计独立的准入拥塞控制、终端上下文信息存储机制等方法提升同时支持的连接数。

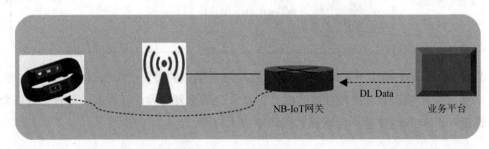

图 2-6
NB-IoT 连接
模型

NB-IoT 单站容量是基于单站配置和用户分布设计，结合每个用户的业务需求，计算单站承载的连接数的。整网连接数是站点数目和单站支持的连接数的乘积。可以通过对核心网进行优化，优化终端上下文存储机制、下行数据缓存机制等手段提升网络支持的连接数。

# 2.4　低功耗技术

低功耗技术是 NB-IoT 标准的显著优势，也是物联网应用的重要指标，对于低频传输和电池供电的应用显得尤为重要，符合万物互联的实际场景需求。

通信设备功耗与传输数据量以及通信速率有关，NB-IoT 聚焦传输周期长、小数据量、低速率和时延不敏感的业务，终端传输低功耗是通过硬件和软件两个方面的优化来实现的。

首先，在模组硬件设计中，通过进一步提高芯片、射频前端器件等各个模块的集成度，减少通路插损来降低功耗；同时，通过各厂家研发高效率功放和高效率天线器件来降低器件和回路上的损耗；架构方面主要在待机电源工作机制上进行优化，待机时关闭芯片中无须工作的供电电源，关闭芯片内部不工作的子模块时钟。物联网应用开发者可以根据业务场景需要，考虑选用低功耗处理器，控制处理器主频、运算速度和待机模式来降低终端功耗。

其次，软件方面的优化主要通过新的节电特性的引入，传输协议优化以及物联网嵌入式操作系统的引入来实现。

NB-IoT 终端两种新的节电特性包括节电模式（Power Saving Mode，PSM）和扩展的非连续接收模式（Extended Discontinues Reception，eDRX）。这两种模式都是用户终端发起请求，和核心网协商的方式来确定。用户可以单独选择其中一种模式，也可以两种都激活。

PSM 节电模式，如图 2-7 所示，是 3GPP R12 引入的技术。其原理是允许 UE（用户终端）在进入空闲态一段时间后，关闭信号的收发和接入层相关功能，相当于部分关机，从而减少天线、射频、信令处理等的功耗消耗。

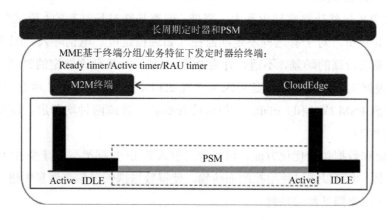

图 2-7

长周期定时机制和 PSM 模式

UE 在 PSM 期间，不接收任何网络寻呼，停止所有接入层的活动。对于网络侧来说，UE 此时是不可达的。只有当跟踪区更新（Tracking Area Update，TAU）周期请求定时器（T3412，控制位置周期性更新的定时器）超时，或者 UE 有上行业务要处理而主动退出 PSM 模式时，UE 才会退出 PSM 模式、进入空闲态，进而进入连接态处理上下行业务。

TAU 周期请求定时器（T3412）由网络侧在 ATTACH 和 TAU 消息中指定，3GPP 协议规定默认为 54min，最大可达 310h。

那么 UE 处理完数据之后，什么时候进入 PSM 模式呢？这是由另一个定时器 Active Timer（T3324，0～255s）决定的。UE 处理完数据之后，RRC 连接会被释放、进入空闲态，与此同时启动 Active Timer，此 Timer 超时后，UE 即进入上述 PSM 模式。

PSM 模式的优点是终端可进行长时间休眠，缺点是对终端接收业务响应不及时，主要适用于远程抄表等对下行实时性要求不高的业务。

eDRX 即非连续接收，如图 2-8 所示，它是 3GPP R13 引入的新技术。R13 之前已经有 DRX 技术，从字面上即可看出，eDRX 是对原 DRX 技术的增强：支持的寻呼周期可以更长，从而达到节电目的。

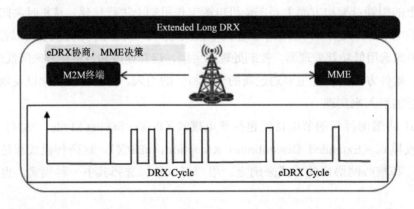

图 2-8
eDRX 模式

eDRX 的寻呼周期由网络侧在 ATTACH 和 TAU 消息中指定（UE 可以指定建议值），可为 20s、40s，最大可达 40min。相比以往 1.28s/2.56s 等 DRX 寻呼周期配置，eDRX 模式下终端耗电量显然低很多。

PSM 和 eDRX 虽然让终端耗电量大大降低，但都是通过长时间的"罢工"来换取的，付出了实时性的代价。对于有远程不定期监控（如远程定位、电话呼入、配置管理等）需求且实时性要求较高的场景，不适合开启 PSM 功能；如果允许一定的时延，最好采用 eDRX 技术，根据实际可接收的时延要求来设置 eDRX 寻呼周期。UE 可在 ATTACH 和 TAU 中请求开启 PSM 或（和）eDRX，但最终开启哪一种或两种均开启，以及周期是多少均由网络侧决定。

在信令简化和数据传输优化方面，可以通过引入非 IP 数据类型，减少 IP 包头、降低数据传输总长度；也可以通过使用控制面传输，使得数据携带在信令消息中进行传输，提高传输效率等手段来降低终端功耗。

在嵌入式操作系统方面，各厂商通过裁剪和重新设计轻量级的物联网嵌入式操作系统，删除不需要的功能和驱动，提高运行效率，减少内存占用开销等方法降低功耗。在实际应用设计中，可以考虑单进程进行程序运行，降低进程管理复杂度，从而降低功耗。

# 2.5　低成本技术

NB-IoT 的低速率、低带宽和低功耗特性使得终端低成本成为可能。例如，低速率意味着芯片模组不需要大的缓存，低功耗意味着射频设计的要求可以降低，因此设计目标希望通过降低终端复杂度和部分性能要求，从而达到降低终端成本的目的。主流的通信芯片和模组厂商都有明确的 NB-IoT 产品计划，积极打造生态，共同推动终端侧的成本降低。另外从运营商建设角度，NB-IoT 物联网络无须全部重新建设，射频和天线基本上无须重复投资，从而降低了建网成本。

NB-IoT 采用更窄的传输带宽、更低的传输速率和更简单的调制解码，从而降低存储器和处理器的要求；通过采用低复杂度同步方案和降低精度要求，实现晶振成本降低 2/3 以上；在 3GPP 标准中，通过使用接收和发射无带通滤波器方案，采用 LC 电路代替带通滤波器，节省了带通滤波器；此外，NB-IoT 峰均比低，可实现在芯片内部集成功率放大器。

如图 2-9 所示，通过 LTE、MTC 和 NB-IoT 芯片内部资源对比可以看到，无论是基带（BB），还是射频（RF），或者功放（PA），功率管理单元（PMU）以及所使用的存储单元（包括 Flash 和 RAM），NB-IoT 芯片所需要的资源都比前两者大大降低。那么读者可能的问题是，NB-IoT 芯片内部所使用的物理资源远远少于前两者，那为什么现在市场上的 NB-IoT 模组的价格要远高于现有模组。原因在于，目前 NB-IoT 模组的使用量还没有进入爆发期，因此成本还较高。一旦 NB-IoT 在连接数上如预期一样远远超过现在的其他制式蜂窝网络，那么可以预期的是其价格将远远低于现有世面上的其他制式蜂窝模组价格。2017 年 10 月 16 日，中兴物联中标中国电信 NB-IoT 模组"宇宙第一标"，总规模高达 50 万片，中标价格为 36 元人民币（含税价），已经接近此前大家预期的 5 美元。所以从长期看，可以很肯定 NB-IoT

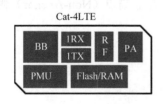

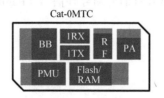

图 2-9
LTE、MTC、NB-IoT 芯片内部资源类比

在价格上将具有非常明显的优势。

表 2-1 列出了目前预期 NB-IoT 模组和 2G 模组的成本对比情况。

表 2-1　模组成本对比

（单位：美元）

| 部 件 组 成 | GSM-2G（4 频） | NB-IoT（FDD 2 频）（预期） |
|---|---|---|
| 基带芯片<br>（集成基带+射频+电源+ROM+RAM） | 1.0～1.2 | 1～1.5 |
| 射频前端 | 0.3～0.4 | 0.3～0.5 |
| PCB、芯片外围器件及产线生产 | 1.5～1.8 | 1.2～1.5 |
| 合计 | 3～3.5 | 2.5～4 |

# 2.6　后续演进

2016 年 6 月，在韩国釜山召开的 3GPP 会议上批准了 Rel-14 NB-IoT WI "Enhancement of NB-IoT"，Rel-14 NB-IoT 包括四个方面的增强：定位增强；多播传输增强；多载波增强；移动性增强。

随着物联网的发展以及终端的广泛使用，终端的定位需求变得越来越迫切。NB-IoT Rel-13 因为带宽的限制无法直接使用 LTE 版本的定位技术。因此，在 Rel-14 版本中，定位增强成为 NB-IoT 协议版本中最重要的增强部分。

针对终端部署和日常使用过程中，终端固件、软件升级和组消息发送等应用场景，3GPP 决定在 Rel-14 版本中支持多播传输增强，主要集中在 SC-PTM 技术实现下行的多播传输。在 WI 进程中将考虑 NB-IoT 的窄带特性，并在多播传输中继续支持覆盖增强。

多载波增强是 Rel-13 中就开始讨论的技术。该项技术的原理是部署多个 NB-IoT 载波，各个载波之间通过一定的协作提高整体部署的容量和性能。在 Rel-14 中，3GPP 工作组将研究接入信号（NPRACH）和寻呼信号（Paging）在非锚点（Non-Anchor）载波上的传输。

# 本章小结

针对传统蜂窝物联在 LPWA 应用中存在的问题，本章对 NB-IoT 技术四大特点（广覆盖、大连接、低功耗和低成本）进行了介绍；这四大特点作为万物互联传输技术的要素，将会支撑海量设备进行互联互通。后面的章节将对这四大特点如何在实际运用中发挥优势展开讨论和实践。

## 参 考 文 献

戴博，袁弋非，余媛芳，2016. 窄带物联网（NB-IoT）标准与关键技术[M]. 北京：人民邮电出版社.

戴国华，余骏华，2016. NB-IoT 产生背景、标准发展以及特性和业务研究[J]. 移动通信, 40 (7): 31-36.

解运洲，2017. NB-IoT 技术详解与行业应用[M]. 北京：科学出版社.

张昌伟，祁家榕，郭永安，2017. 基于 Massive MIMO 的 NB-IoT 数据上行传输可行性分析[J].电子技术应用, (08).

张阳，王西点，王磊，等，2017. 万物互联 NB-IoT 关键技术与应用实践[M]. 北京：机械工业出版社.

3GPP TR 23.720, 2016. Study on architecture enhancements for Cellular Internet of Things (Release 13)[S].

3GPP, 2015. Revised Work Item: Narrowband IoT(NB-IoT): 3GPP RP-152284[S].

3GPP, 2016. Simulation Result of UCG Parameters for NB-IoT: R4-163255[S].

3GPP, 2016. Work Item: Enhancements of NB-IoT: 3GPP RP-161901[S].

GSMA IoT[EB/OL]. https://www.gsma.com/iot/.

Mangalvedhe N, Ratasuk R, Ghosh A, et al, 2016. NB-IoT Deployment Study for Low Power Wide Are Cellular IoT[C]//IEEE Annual International Symposium on Personal, Indoor, and Mobile Radio Communications. USA: IEEE:1-6.

Ratasuk R, Vejlgaard B, Mangalvedhe N, et al, 2016. NB-IoT System for M2M Communication[C]// IEEE Wireless Communications and NETWORKING Conference Workshops. USA: IEEE: 428-432.

# 第3章　NB-IoT 的网络体系与应用架构

作为运营商层面的移动通信网络技术，NB-IoT 在网络架构的设计与搭建上与传统 2G/3G/4G 网络既有相似性，又有新的特点。本章对 NB-IoT 网络体系架构做简要介绍。同时，针对基于 NB-IoT 的物联网应用，如何开发端到端解决方案，对于其中涉及的 NB-IoT 网络、通用 IoT 平台、数据传输协议、终端入网流程等相关知识，本章也会一并说明。通过本章内容的学习，读者可以初步了解 NB-IoT 网络架构，并对一个完整的 NB-IoT 物联网解决方案基本框架有所了解。

## 3.1　NB-IoT 端到端应用框架

传统的 LTE 网络体系架构，主要面对互联网需求，目的是给用户提供更高的带宽、更快的接入。但在物联网应用方面，由于具有终端节点数量众多、低功耗要求高、数据量不大、网络覆盖分散等特点，LTE 网络已经无法满足物联网的实际发展需求。

NB-IoT 从一开始就面向低功耗广覆盖的物联网市场，基于授权频谱，而且是运营商级别网络，可以直接部署于 LTE 网络，也可以基于目前运营商现有的 2G 网络，通过设备升级的方式降低部署成本，实现平滑升级。

一个典型的 NB-IoT 端到端应用系统，包含以下几大部分：用户终端、无线接入网、核心网、IoT 平台、应用服务器。其中终端与接入网之间是无线连接，即 NB-IoT 网络，其他几部分之间一般是有线连接。

① 用户终端　具体应用的终端实体，比如搭载 NB-IoT 传输模块的水表、地磁车位监测仪、环境气体监测器等。可以通过基站与无线接入网进行对接。

② 无线接入网　由多个基站组成，主要承担空口接入处理和小区管理等相关功能，进而与 IoT 核心网进行连接，将非接入层数据转发给高层网元处理。

③ 核心网　承担与终端非接入层交互的功能，将 IoT 业务相关数据转发到 IoT 平台进行处理。

④ IoT 平台　IoT 联接管理平台，汇聚从各种接入网得到的 IoT 数据，根据不同类型转发给相应的业务应用进行处理。

⑤ 应用服务器　是 IoT 数据的最终汇聚点，可以完成用户数据的预处理、存储，并根据客户的需求进行数据处理等操作，提供用于客户端访问的后端和前端程序。

从用户应用开发角度来说，整个端到端的业务流程有以下几方面，如图 3-1 所示。

1）UE（Device）与接入网（NB-IoT eNB）/核心网（IoT Core）之间：基于 NB-IoT 技术进行通信，这部分主要包括 AS（接入层）和 NAS（非接入层），相关功能基本完全由芯片实现。AS 层主要负责无线接口相连接的相关功能。当然，它不仅限于无线接入网及终端的无线部分，也支持一些与核心网相关的特殊功能。AS 层支持的功能主要包括以下几方面：无线承载管理（包括无线承载分配、建立、修改与释放）、无线信道处理（包括信道编码与调制）、加密、移动性管理（如切换、小区选择与重选）等。NAS 层主要负责与接入无关、独立于无线接入相关的功能及流程，主要包括以下几个方面：会话管理（包括会话建立、修改、释放以及 QoS 协商）、用户管理（包括用户数据管理以及附着、去附着）、安全管理（包括用户与网络之间的鉴权及加密初始化）、计费等。

2）UE（Device）与 IoT 云平台（IoT Platform）之间：一般使用 CoAP 等物联网专用的应用层协议进行通信，主要是考虑 NB-IoT UE 的硬件资源配置一般很低，不适合使用 HTTP/HTTPs 等复杂的协议。

3）IoT 云平台（IoT Platform）与第三方应用服务器（App Server）之间：由于两者的性能都很强大，且要考虑带宽、安全等诸多方面，因此一般会使用 HTTPs/HTTP 等应用层协议进行通信。

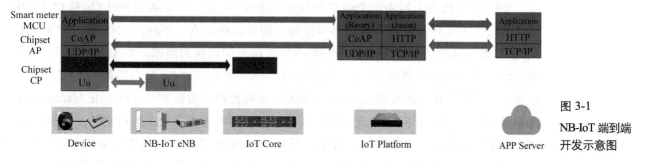

图 3-1
NB-IoT 端到端
开发示意图

# 3.2　NB-IoT 网络体系概览

NB-IoT 系统网络架构和 LTE 系统网络架构基本相同，都为演进分组系统（Evolved Packet System，EPS）。如图 3-2 所示，NB-IoT EPS 主要由以下几部分组成：基站（eNodeB， eNB，也称为 E-UTRAN，无线接入网），演进分组核心网系统（Evolved Packet Core，EPC），用户终端（User Equipment，UE）。

其中，NB-IoT 终端（UE）包含各种实际行业应用终端，是整个网络体系中底层的业务实体。如图 3-2 所示，UE 通过空中接口（Uu 接口），接入到 E-UTRAN 无线网中，无线接入网由多个 NB 基站组成，这张无线网通过 S1 接口跟核心网对接。E-UTRAN 无线网和 EPC 核心网在 NB-IoT 网络架构中承担着彼此相互独立的功能，两者之间相互对接。

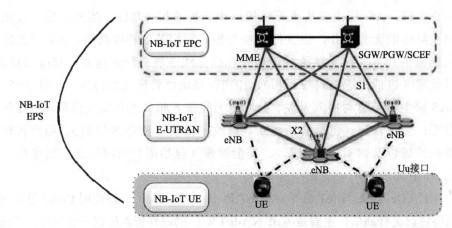

图 3-2
NB-IoT 网络体系架构

## 3.3　无线接入网

NB-IoT 无线接入网由一个或多个基站（eNB）组成，eNB 基站通过 Uu 接口（空中接口）与 UE 通信，是 UE 用户面和控制面的协议终止点。不同的 eNB 基站之间通过 X2 接口进行互联，以解决 UE 在不同 eNB 基站之间切换的问题。如图 3-3 所示，无线接入网和核心网之间通过 S1 接口进行连接，eNB 基站通过 S1 接口连接到 EPC 中的功能单元。具体来讲，eNB 基站通过 S1-MME 连接到移动管理实体（Mobile Management Entity，MME，具体见下文）单元，通过 S1-U 连接到 S-GW 单元。S1 接口支持 MME/S-GW（Serving GateWay，服务网关，具体见下文）和 eNB 基站之间的多对多连接，即一个 eNB 基站可以连接到多个 MME/S-GW，多个 eNB 基站也可以连接到同一个 MME/S-GW。

eNB 基站通过 S1 接口连接到 MME/S-GW，接口上传输的是 NB-IoT 消息和数据。尽管 NB-IoT 没有定义小区切换功能，但在两个 eNB 基站之间因为有 X2 接口，可以使 UE 在进入空闲状态后快速启动恢复进程。

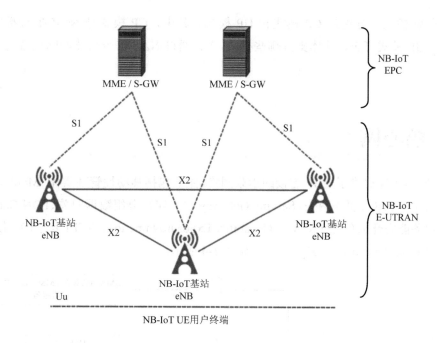

图 3-3
NB-IoT 无线接
入网架构

eNB 基站主要功能如下:

* 无线资源管理功能, 包括无线承载控制、无线接入控制、连接移动性控制等。
* 上下行资源动态分配和调度。
* 用户数据流的加密和 IP 报头压缩。
* 将用户面数据路由到相应的 S-GW。
* MME 发起的寻呼消息的调度和发送。
* 在上行链路中传输标记级别的数据包。
* UE 不移动时的 S-GW 搬迁。
* 用于 UP 模式时的安全和无线配置。

　　eNB 基站是 NB-IoT 移动通信中组成蜂窝小区的基本单元,主要完成无线接入网和 UE 之间的通信和管理功能。UE 必须在 eNB 基站信号的覆盖范围内才能通信。基站不是独立的,属于网络架构中的一部分,是连接蜂窝移动通信网和 UE 的桥梁。NB-IoT 基站依赖于现有通信运营商的基站进行部署,实际实施中可以在现有 LTE 系统进行升级复用或者新建,如第 2 章所述,有相应的三种部署方式。

　　UE 与无线接入网之间通过 Uu 接口链接。Uu 接口又称空中接口、无线接口,是 UE 和接入网之间的接口。空中接口用来建立、重配置和释放各种无线承载业务。在 NB-IoT 中,空中接口是 UE 和 eNB 基站之间的接口,是一个完全开放的接口,都要遵循 NB-IoT 规范,从而不同制造商的设备之间就可以相互通信与兼容。

　　NB-IoT 空中接口协议,分为物理层、数据链路层、网络层。NB-IoT 协议层规定了两种数据传输模式，分别是 CP 模式和 UP 模式。其中，CP 模式是 NB-IoT 标准中规定的必选项，UP 模式可选，具体支持哪些模式，UE 通过 NAS 信令与核心网设备进行协商确定。

# 3.4 核心网

EPC（核心网），提供了全 IP 连接的承载网络，主要包括移动性管理实体（Mobile Management Entity，MME）、服务网关（Serving GateWay，S-GW）、分组数据网关（PDN GateWay，P-GW）、业务能力开放单元（Service Capability Exposure Function，SCEF）、归属用户服务器（Home Subscriber Server，HSS）等，如图 3-4 所示。

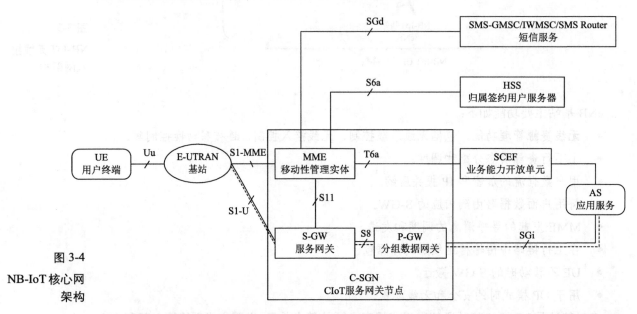

图 3-4
NB-IoT 核心网
架构

MME 是核心网的关键控制节点，主要负责信令处理部分，包括移动性管理、承载管理、用户鉴权认证、S-GW 和 P-GW 的选择等功能。MME 同时支持在法律许可范围内的拦截和监听功能。MME 引入了 NB-IoT 能力协商、附着时不建立 PDN 连接、创建 Non-IP 的 PDN 连接，支持 CP 模式、UP 模式，支持有限制性的移动性管理等。

服务网关（Serving GateWay，S-GW），是终止于 E-UTRAN 接口的网关，该设备的主要功能包括：进行 eNodeB 间切换时，可以作为本地锚定点，并协助完成 eNodeB 的重排序功能；执行合法侦听功能；进行数据包的路由和前转；在上行和下行传输层进行分组标记；空闲状态下，下行分组缓冲和发起网络触发的服务请求功能。

PDN 网关（PDN GateWay，P-GW），是 EPS 的锚点，终结和外部数据网络（比如因特网）的 SGI 接口，是面向 PDN 终结于 SGI 接口的网关，如果 UE 访问多个 PDN，UE

将对应一个或多个 P-GW。P-GW 的主要功能包括基于用户的包过滤功能、合法侦听功能、UE 的 IP 地址分配功能、在上/下行链路中进行数据包传输层标记、进行上/下行业务等级计费以及业务级门控、进行基于业务的上/下行速率的控制等。另外，P-GW 还提供上/下行链路承载绑定和上行链路绑定校验功能。

HSS 引入了对 UE 签约 NB-IoT 接入限制、为 UE 配置 Non-IP 的默认 APN 和验证 NIDD（Non IP Data Delivery）授权等。

和 LTE 网络相比，NB-IoT 网络体系架构主要增加 SCEF（业务能力开放单元）来支持 CP 模式和 Non-IP 数据的传输。为了将物联网 UE 的数据发送给接入层（Access Stratum，AS）应用服务，eNB 基站引入了 NB-IoT 能力协商，支持 CP 模式和 UP 模式。

对于 CP 模式，上行数据从 E-UTRAN 传输至 MME，传输路径分为两条：一条分支通过 S-GW 传输到 P-GW，再传输到应用服务器；另外一条分支是通过 SCEF 连接到应用服务器。SCEF 是 NB-IoT 新引入的，主要用于在控制面上传输 Non-IP 数据包，并为鉴权等网络服务提供接口。通过 SCEF 连接到应用服务器仅支持 Non-IP 数据传输，优势在于这一方案无须建立数据无线承载，数据包直接在信令无线承载上传，因此适合非频发的小数据包传输，与 NB-IoT 推广的行业应用相匹配。

对于 UP 模式，物联网数据传输方式和传统数据流量一样，在无线承载上发送数据，由 S-GW 传输到 P-GW，再到应用服务器。这种方案缺点在于在建立连接时会产生额外开销，优势是数据包传输更快。CP 模式支持 IP 数据和 Non-IP 数据的传输。

# 3.5　IoT 平台

物联网应用由于其行业多样性、节点海量、部署分散等特性，对于各行业应用厂家来说，如果某个具体应用，要完整开发节点管理、接入、数据存储等内容，对研发能力和开发时间都是不小的挑战，因此，一些运营商、互联网企业或者物联网企业，把物联网应用开发中的这部分内容集成到 IoT 平台中，提供平台服务，方便其他厂家对接开发 IoT 应用。通常 NB-IoT 平台基本功能如下：用户账号管理、异常状态管理、缴费管理、实时监测管理、平台接口管理等。

从应用框架上，IoT 平台处于终端设备与应用平台中间，起到桥接作用。NB-IoT 设备终端接入到 IoT 平台，IoT 平台对它们进行节点管理、接入管理、数据接收缓存等。同时，IoT 平台提供标准化 API，方便与应用平台进行对接，可提供数据推送、异常告警、命令下发缓存等功能。通用 IoT 平台的出现，方便了整个 NB-IoT 应用解决方案的快速实现，从开发难度、功能性能、稳定性、可靠性等多方面提供了服务和保证。

# 3.6 数据传输协议

NB-IoT 终端，集成 NB-IoT 模组后，即可通过 NB-IoT 的网络，跟应用服务器进行数据收发。目前 NB-IoT 模组支持两种传输协议：CoAP 协议、UDP 协议。CoAP 协议栈的处理已经内嵌于多数 NB-IoT 模组中。

若用户使用 IoT 平台跟 UE 对接，通常会基于 CoAP 协议传输。若用户直接跟私有服务器对接，则通常会基于 UDP 协议传输。两种方式具体流程如下。

① CoAP 协议  MCU（NB 设备）—NB 模块（UE）—eNB 基站—核心网—IoT 平台—APP 服务器—手机终端 APP。

② UDP 协议  MCU（NB 设备）—NB 模块（UE）—eNB 基站—核心网—UDP 服务器—手机终端 APP。

**1. CoAP 协议简介**

CoAP 协议是为物联网中资源受限设备制定的应用层协议。它是一种面向网络的协议，采用了与 HTTP 类似的特征，核心内容为资源抽象、REST 式交互以及可扩展的头选项等。应用程序通过 URI 标识来获取服务器上的资源，即可以像 HTTP 协议对资源进行 GET、PUT、POST 和 DELETE 等操作。CoAP 协议具有如下特点。

1）报头压缩：CoAP 包含一个紧凑的二进制报头和扩展报头。它只有短短的 4B 的基本报头，基本报头后面跟扩展选项。一个典型的请求报头为 10～20B。图 3-5 是 CoAP 协议的信息格式。

图 3-5
CoAP 协议报文
格式

```
 0                   1                   2                   3
 0 1 2 3 4 5 6 7 8 0 1 2 3 4 5 6 7 8 9 0 1 2 3 4 5 6 7 8 9 0 1
+-+-+-+-+-+-+-+-+-+-+-+-+-+-+-+-+-+-+-+-+-+-+-+-+-+-+-+-+-+-+-+-+
|Ver| T |  TKL  |      Code     |          Message ID           |
+-+-+-+-+-+-+-+-+-+-+-+-+-+-+-+-+-+-+-+-+-+-+-+-+-+-+-+-+-+-+-+-+
|   Token (if any, TKL bytes)...
+-+-+-+-+-+-+-+-+-+-+-+-+-+-+-+-+-+-+-+-+-+-+-+-+-+-+-+-+-+-+-+-+
|1 1 1 1 1 1 1 1|    Payload (if any)...
+-+-+-+-+-+-+-+-+-+-+-+-+-+-+-+-+-+-+-+-+-+-+-+-+-+-+-+-+-+-+-+-+
```

2）方法和 URIs：为了实现客户端访问服务器上的资源，CoAP 支持 GET、PUT、POST 和 DELETE 等方法。CoAP 还支持 URIs，这是 Web 架构的主要特点。

3）传输层使用 UDP 协议：CoAP 协议是建立在 UDP 协议之上，以减少开销，并支持组播功能。它也支持一个简单的停止和等待的可靠性传输机制。

4）支持异步通信：HTTP 对 M2M（Machine-to-Machine）通信不适用，这是由于事务总是由客户端发起。而 CoAP 协议支持异步通信，这对 M2M 通信应用来说是常见的休眠/唤醒机制。

5）支持资源发现：为了自主地发现和使用资源，它支持内置的资源发现格式，用于发现设备上的资源列表，或者用于设备向服务目录公告自己的资源。它支持 RFC5785 中的格式，在 CoRE 中用 "/．well—known/core" 路径表示资源描述。

6）支持缓存：CoAP 协议支持资源描述的缓存以优化其性能。

### 2. CoAP 协议栈

CoAP 协议的传输层使用 UDP 协议。由于 UDP 传输的不可靠性，CoAP 协议采用了双层结构，定义了带有重传的事务处理机制，并且提供资源发现和资源描述等功能。此外，CoAP 协议采用尽可能小的载荷，从而限制了分片。

如图 3-6 所示，CoAP 协议中，事务层（Transaction Layer）用于处理节点之间的信息交换，同时提供组播和拥塞控制等功能。请求/响应层（Request/Response Layer）用于传输对资源进行操作的请求和响应信息。CoAP 协议的 REST 构架是基于该层的通信。CoAP 的双层处理方式，

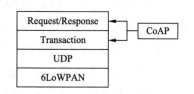

图 3-6
CoAP 协议栈

使得 CoAP 没有采用 TCP 协议，也可以提供可靠的传输机制。利用默认的定时器和指数增长的重传间隔时间实现 CON（Confirmable）消息的重传，直到接收方发出确认消息。另外，CoAP 的双层处理方式支持异步通信，这是物联网和 M2M 应用的一个关键要求。

# 3.7　NB-IoT 终端入网流程

NB-IoT 终端设备（UE）刚上电后，对于网络侧来说是不可达的，需要与 NB-IoT 网络建立连接关系，即入网过程，如图 3-7 所示。

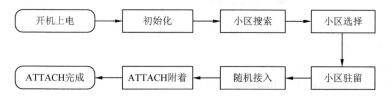

图 3-7
NB-IoT 终端设备入网流程

具体来说，UE 开机后，首先进行初始化。初始化主要包含 SIM 卡识别和搜网相关 NV 项（系统运行过程中各个模块可能用到的一些参数值）读取两部分内容。之后进行小区搜索，小区搜索过程是 UE 和小区取得时间和频率同步并检测小区 ID 的过程。小区搜索完成后，UE 会获得当前小区的物理小区标识（Physical Cell Identifier，PCI），UE 使用获得的 PCI 去解当前小区的主系统模块（Master Information Block，MIB）和系统信息模块（System Information Block，SIB）消息，然后进行消息解析。MIB 消息包含天线数、下行带宽、小区 ID、注册的频点等消息；SIB 消息包含 PLMN、小区 ID、S 准则中的可用信息

等消息。

下一步，根据得到的信息，进行小区选择。在 SIB 信息中会携带网络侧的公共陆地移动网络（Public Land Mobile Network，PLMN）列表，UE 的接入层 AS 会把解析的 PLMN 列表上报自己的非接入层 NAS，由 NAS 层执行 PLMN 的选择，选择合适的 PLMN。选定 PLMN 后会在该 PLMN 下选择合适的小区，小区的选择按照 S 准则，UE 选择该 PLMN 下信号最强的小区进行驻留。

小区选择成功后进行小区驻留。当驻留到小区后，启动随机接入过程建立无线资源控制（Radio Resource Control，RRC）连接，完成上行链路同步。随机接入过程是 UE 向系统请求接入，收到系统响应并分配接入信道资源的过程。

RRC 连接建立，完成 ATTACH 附着。附着过程完成后，网络侧记录 UE 的位置信息，相关节点为 UE 建立上下文。同时，网络建立为 UE 提供"永远在线连接"的默认承载，并为 UE 分配 IP 地址/UE 驻留的跟踪区列表等参数。

此后，UE 在空闲状态下需要发送业务数据时，则发起服务请求过程。当网络侧需要给 UE 发送数据时，则发起寻呼过程。当 UE 关机时，则发起去附着流程通知网络侧释放其保存的该 UE 的所有资源。

# 本章小结

本章以 NB-IoT 实际物联网应用系统开发为出发点，介绍了完整的 NB-IoT 端到端开发框架，主要包含 NB-IoT 网络体系架构的基本组成、IoT 通用平台、数据传输协议等内容，同时还简要介绍了 NB-IoT 终端入网流程。

## 参 考 文 献

戴博，袁弋非，余媛芳，2014. 窄带物联网（NB-IoT）标准与关键技术[M]. 北京：人民邮电出版社.

华为技术有限公司. NB-IoT 模组设计与应用参考.

解运洲，2007. NB-IoT 技术详解与行业应用[M]. 北京：科学出版社.

易飞，刘晓丰，史相斌，等，2014. LTE 丛书：EPC 原理与实践[M]. 北京：电子工业出版社.

3GPP TR 45.820 V13.1.0, 2015. Cellular system support for ultra-low complexity and low throughput Internet of Things (CIoT).

3GPP TS 23.272 V13.3.0, 2016. Circuit Switched (CS) fallback in Evolved Packet System (EPS).

3GPP TS 23.401 V13.6.1, 2016. General Packet Radio Service (GPRS) enhancements for Evolved Universal Terrestrial Radio Access Network.

3GPP TS 23.682 V13.5.0, 2016. Architecture enhancements to facilitate communic- ations with packet data networks and applications.

3GPP TS 36.101 V13.4.0, 2016. User Equipment (UE) radio transmission and reception.

3GPP TS 36.201 V13.2.0, 2016. LTE physical layer; General description.

3GPP TS 36.300 V13.4.0, 2016. Overall description.

3GPP TS 36.331 V13.2.0, 2016. Radio Resource Control (RRC); Protocol specification.

3GPP, 2016. Work Item Description Enhancements of NB-IoT:3GPP RP-161324 [S].

3GPP, 2016. Physical channels and modulation: 3GPP TS 36.211 V13.2.0[S].

Ericsson White Paper, 2016. Cellular networks for massive IoT[S/OL].　Available: https://www.ericsson.com/res/docs/whitepapers/wp_iot.pdf.

http://developer.huawei.com.

http://www.huawei.com/minisite/iot/img/nb_iot_whitepaper_en.pdf.

https://open.iot.10086.cn/.

3GPP, 2016. Medium Access Control (MAC) protocol specification:3GPP TS 36.321 V13.2.0 [S].

3GPP, 2016. Multiplexing and channel coding:3GPP TS 36.212 V13.2.0 [S].

3GPP, 2016. Physical layer procedures:3GPP TS 36.213 V13.2.0 [S].

Qualcomm, Incorporated, 2015. Narrowband IoT (NB -IoT): RP -151621, 3GPP TSG RAN Meeting #69[S/OL]. Available: http://www.3gpp.org/ftp/tsg_ran/TSG_RAN/ TSGR_69/Docs/RP - 151621.zip.

3GPP, 2016. User Equipment (UE) procedures in idle mode:3GPP TS 36.304 V13.2.0 [S].

Vodafone, Huawei, HiSilicon, 2016. NB -IoT enhancements Work Item proposal: RP -160813, 3GPP TSG RAN Meeting #72[S/OL]. Available: http://www.3gpp.org/ftp/tsg_ ran/TSG_RAN/TSGR_72/Docs/RP-160813.zip.

# 第4章 NB-IoT 应用系统组件

本章将介绍 NB-IoT 芯片、模组、嵌入式操作系统、主流 IoT 物联网 PaaS（Platform as a Service）平台以及运营商物联网卡相关内容。

## 4.1 NB-IoT 芯片

NB-IoT 的爆发离不开芯片厂商的支持，表 4-1 整理了截至 2017 年 6 月底，市场主流的 NB-IoT 芯片厂商（不包括已宣布投入研发，但无具体产品型号的厂商）。

表 4-1 主流 NB-IoT 芯片厂商

| 公 司 | 芯 片 产 品 | 规 格 |
|---|---|---|
| 华为 | Boudica 120/Hi2110 | 支持 698～960MHz：Band5/8/12/13/17/18/19/20/26/28 |
| | Boudica 150 | 可支持 698～960/1800/2100MHz |
| 中兴微电子 | Wisefone7100 | 全功能、全频段 |
| 锐迪科 | RDA8909 | 支持 2G、NB-IoT 双模，符合 3GPP R13 标准 |
| | RDA8910 | 支持 eMTC、NB-IoT 和 GPRS 三模 |
| Intel | XMM7115 | 支持 NB-IoT 标准 |
| | XMM7315 | 支持 LTE-M 和 NB-IoT 标准 |
| Qualcomm（高通） | MDM9206 | 支持 LTE-M1 和 NB-IoT 全球所有频段，集成了 GPS、格洛纳斯、北斗及伽利略全球导航卫星定位服务 |
| Altair | ALT1250 | 支持 LTE-M 和 NB-IoT 标准 |
| Sequans | Monarch SX | 支持 LTE-M 和 NB-IoT 标准 |
| NODRIC | nRF91 | 支持 3GPP Release 下 LTE-M 和 NB-IoT 标准 |
| GCT | GDM72431 | 支持 LTE-M1 和 NB-IoT 标准 |

从产品的规格和特性来看，NB-IoT 芯片同时会集成 GPS、蓝牙等功能扩展应用。市场主流的芯片公司，基本是从事通信领域的 IC 设计公司。下面是主要芯片厂商的情况介绍。

由台积电代工的华为 NB-IoT 芯片（Boudica 系列）已经在 2017 年 6 月大规模上市发货。Boudica 120 规划月发货能力在百万片以上，Boudica 150 芯片在 2017 年第四季度大规模发货。目前，华为公司已经与 40 多家合作伙伴、20 余种产业业态展开合作，2017 年底在全球范围内支持 30 张 NB-IoT 商用网络，加速促进了 NB-IoT 技术规模化商用。

业界巨头高通认为物联网多模是趋势，NB-IoT 与 eMTC 这两项技术将相互发挥各自的特点，弥补不足。因此，高通推出了可以支持 eMTC/NB-IoT/GSM 的多模物联网芯片 MDM9206。这款芯片凭借单一硬件就能实现对 eMTC/NB-IoT/GSM 的多模支持，用户可以通过软件进行动态连接选择。同时集成的射频可以支持 15 个 LTE 频段，基本可以覆盖全球大部分区域。其优势就在于通过单个 SKU 解决了全球运营商及终端用户的多样的部署需求，具有高成本效益、快速商用、可通过空间下载技术（Over-the-Air Technology，OTA）升级保障等优势。

锐迪科推出的 NB-IoT 芯片 RDA8909，支持 2G 和 NB-IoT 双模，符合 3GPP R13 下的 NB-IoT 标准，还可以通过软件升级支持最新的 3GPP R14 标准。另一款支持 eMTC、NB-IoT 和 GPRS 的三模产品 RDA8910 也在准备中，预计将于 2018 年第二季度量产。

# 4.2　NB-IoT 模组

由于 NB-IoT 应用非常广泛，因此模组厂商更为分散，表 4-2 整理了截至 2017 年 8 月市场主流的 NB-IoT 模组厂商信息。

表 4-2　主流 NB-IoT 模组厂商

| 公　司 | 模 组 产 品 | 芯 片 厂 商 |
|---|---|---|
| 移远通信 | BC95-B20/B8/B5/B28 | 华为 Boudica |
| 中移物联 | M5310 | 华为 Boudica |
| 中兴物联 | ME3612 | 高通 |
| 新华三 | IM2209 | 高通 |
| 利尔达科技 | NB05/NB08 | 华为 Boudica |
| 龙尚科技 | A9500 | 高通 |
| 广和通无线 | Fibocom N51 | Intel |

从模组芯片采用的厂商来看，目前市场上的 NB-IoT 模组还是以华为 Boudica 和高通的芯片为主。不少厂家选用了双模和多模的方式来满足更多的应用连接需求。下面为主要模组产品的信息介绍。

### 4.2.1 移远通信

BC95 是一款高性能、低功耗的 NB-IoT 无线通信模块。如图 4-1 所示,其尺寸仅为 19.9mm×23.6mm×2.2mm,能最大限度地满足终端设备对小尺寸模块产品的需求,同时有效地帮助客户减小产品尺寸并优化产品成本。其具体参数见表 4-3。

BC95 在设计上兼容移远通信 GSM/GPRS 系列的 M35 模块,方便客户快速、灵活地进行产品设计和升级。BC95 采用更易于焊接的 LCC 封装,可通过标准 SMT 设备实现模块的快速生产,为客户提供可靠的连接方式,特别适合自动化、大规模、低成本的现代化生产方式。SMT 贴片技术也使 BC95 具有高可靠性,以满足复杂环境下的应用需求。同时,BC95 内置对华为 OceanConnect 平台的协议支持。

凭借紧凑的尺寸、超低功耗和超宽工作温度范围,BC95 成为 IoT 应用领域的理想选择,已被用于无线抄表、共享单车、智能停车、智慧城市、安防、资产追踪、智能家电、农业和环境监测以及其他诸多行业,以提供完善的短信和数据传输服务。

图 4-1
移远 BC95
NB-IoT 模组

**表 4-3 移远 BC95 NB-IoT 模组参数描述**

| 产 品 参 数 | | 描　　述 |
|---|---|---|
| 频段信息 | BC95-B8 | 900MHz |
| | BC95-B5 | 850MHz |
| | BC95-B20 | 800MHz |
| | BC95-B28 | 700MHz |
| 电气特性 | 输出功率 | 23dBm±2dBm |
| | 灵敏度 | −129dBm±1dBm |
| | 功耗 | 5μA @省电模式/6mA @空闲模式 |
| 数据 | 数据传输 | Single Tone: 上行 15.625Kbit/s,下行 24Kbit/s |
| | 协议栈 | IPv4/UDP/CoAP |
| | 下载方式 | UART |
| 接口 | USIM 卡接口 | 1 |
| | UART 串口 | 2 |
| | RESET | 1 |
| | 天线接口 | 1 |
| 一般特性 | 管脚 | 94 |
| | 供电电压 | 3.1~4.2V,典型值 3.6V |
| | 温度范围 | −40~85°C |
| | 外形尺寸 | 19.9mm×23.6mm×2.2mm |
| | 封装 | LCC |
| | 重量 | 1.8g±0.2g |

## 4.2.2 中移物联

中移物联 M5310 是中国移动自主研发的一款工业级 NB-IoT 模组，采用更易于焊接的
LCC 封装，具有目前全球最小尺寸（19.0mm×18.4mm×2.7mm），
节省 30% 以上的布板面积，最大限度地满足终端设备对小尺寸
模块产品的需求，有效地帮助客户减小产品尺寸并优化产品成
本，如图 4-2 所示。其具体参数见表 4-4。M5310 在设计上采用
成熟的海思芯片，兼容中移物联网 GSM/GPRS 系列的 M6311-R
模组，支持内置贴片卡以及 OneNET 云平台协议，真正实现
无缝对接，快速开发，方便客户快速、灵活地进行产品设计
和升级。

图 4-2
中移物联 M5310
NB-IoT 模组

M5310 现已通过中国移动终端公司的测试认证，成为首款进入中国移动集团终端库的
NB-IoT 模组。凭借其紧凑的尺寸、超低的功耗、超宽的温度范围，M5310 可广泛适用于
智能抄表、智慧城市、智能家居、智慧农业、智能停车、智能楼宇等行业应用场景，用以
提供完善的数据传输服务，助推物联网业务的有效落地。

表 4-4　中移物联 M5310 NB-IoT 模组参数描述

| 产 品 特 性 | | 描 述 |
| --- | --- | --- |
| 基本特征 | 频段 | Band8 |
| | 尺寸 | 19mm×18.4mm×2.7mm |
| | 封装方式 | LCC |
| | 重量 | 1.8g |
| | 温度范围 | 工作温度：−40～85℃ |
| | | 存储温度：−40～90℃ |
| 电气参数 | 电压输入 | 3.1～4.2V，典型值 3.8V |
| | 超低功耗 | 3.5μA@PSM，5mA@eDRX |
| | 发射功率 | 23dBm±2dBm |
| | 灵敏度 | −135dBm |
| 接口 | 接口波特率支持 | 4800/9600/57600/115200，PSM 模式下≤9600 |
| | 开关机接口 | |
| | 串口/Debug 口 | |
| | 外接/贴片 SIM 卡接口 | |
| | 天线接口特征阻抗 | 50Ω |
| | ADC 接口 | |

续表

| 产 品 特 性 | | 描　　述 |
|---|---|---|
| 接口 | 内嵌 eSIM | |
| | UART 接口 | |
| | 基础 AT 指令集 | 支持 GSM07.05,GSM07.07 |
| SMS 特征 | 点对点 | |
| | 支持 PDU 格式 | |
| 数据特征 | 数据传输 | Single Tone:<br>上行 15.625Kbit/s，下行 21.25Kbit/s，multi Tone:<br>上行 62.5Kbit/s，下行 21.25Kbit/s |
| | 协议栈 | IPv4、IPv6、UDP、CoAP、LWM2M、NBCoAP |
| | OneNET | |
| | 下载方式 | UART |
| 认证 | CCC | |
| | SRRS | |

### 4.2.3　中兴物联

　　中兴物联 ME3612 是一款支持 NB-IoT/eMTC/EGPRS 通信标准的窄带蜂窝物联网通信模块，如图 4-3 所示。其具体参数见表 4-5。在 NB-IoT 制式下，该模块可以提供最大 66 Kbit/s 上行速率和 34 Kbit/s 下行速率，支持 NB-IoT 全球主流运营商频段。该模块与 ME3630/ME3620/ME3610/MC8635/MW3650 等 LCC 30mm×30mm 封装系列的 4G/3G 模块 pin-to-pin（引脚对引脚）完全兼容，用户可根据不同的需求和场景进行选择，快速推出产品。中兴物联该模组已在 2017 年 10 月中国电信 NB-IoT 模组招标中中标。

图 4-3
中兴物联 ME3612
NB-IoT 模组

表 4-5　中兴物联 ME3612 NB-IoT 模组参数描述

| 产品参数 | | 描述 |
|---|---|---|
| 输出功率 | | NB-IoT/eMTC：23dBm±2.7dBm<br>EGPRS B5,B8：30dBm±2dBm<br>EGPRS B2,B3: 33dBm±2dBm |
| 数据 | 数据传输 | LTE NB-IoT：上行 66Kbit/s，下行 34Kbit/s<br>eMTC：上行 375Kbit/s，下行 375Kbit/s<br>EGPRS：上行 85.6Kbit/s，下行 85.6Kbit/s |
| | 协议栈 | TCP/UDP/CoAP/MQTT |
| 接口 | USB 2.0 | 1 |
| | SIM 卡接口 | 1 |
| | UART 串口 | 2 |
| | RESET | 1 |
| | 天线接口 | 1 |
| 一般特性 | 管脚 | 80 |
| | 供电电压 | 3.4～4.2V，典型值 3.8V |
| | 温度范围 | −40～85℃ |
| | 外形尺寸 | 30mm×30mm×2.3mm |
| | 封装 | LCC |
| | 重量 | 4.0g |

## 4.2.4　新华三

　　IM2209 NB-IoT 物联网无线通信模块是新华三技术有限公司（H3C）自主研发的新一代物联网无线通信模块，如图 4-4 所示。其具体参数见表 4-6。IM2209 可支持 eMTC/NB-IoT/E-GPRS 三种标准和多种频段，同时可以提供 GNSS 和北斗定位服务，其中 GNSS 可支持至少 44 通道。IM2209 采用先进的高度集成设计方案，将射频、基带集成在一块

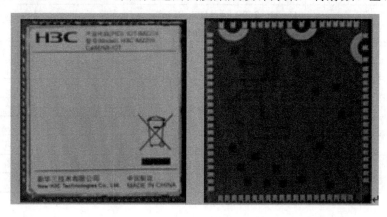

图 4-4

新华三 IM2209
NB-IoT 模组

PCB 上，完成无线接收、发射、基带信号处理和音频信号处理功能，采用单面布局，对外应用接口采用 LCC PAD 方式。IM2209 支持 AT 命令扩展，是一款可以实现用户个性化定制方案的模块。

表 4-6　新华三 IM2209 NB-IoT 模组参数描述

| 产　品　特　性 | | | 描　　　述 | |
|---|---|---|---|---|
| 电源电压 | | | 3.1～4.2V（推荐值 3.8V） | |
| 工作频段 | | | eMTC：Band39@LTE-TDD/ Band3/Band8/Band5@LTE-FDD | |
| | | | NB-IoT：Band3,Band5,Band8 | |
| | | | E-GPRS：Band5,Band8 | |
| 数据业务 | eMTC | | FDD：下行 375Kbit/s，上行 375Kbit/s | |
| | | | TDD：下行 375Kbit/s，上行 375Kbit/s | |
| | | | 支持 Release 13 category M | |
| | NB-IoT | | 下行 32Kbit/s，上行 72Kbit/s | |
| | E-GPRS | | 下行 384Kbit/s，上行 160Kbit/s | |
| GNSS | | | | |
| 频率 | | | 1561～1602MHz@GNSS | |
| 通道数 | | | ≥44 通道 | |
| 可支持定位方式 | | | GPS | |
| | | | 北斗定位 | |
| | | | 格洛纳斯定位 | |
| | | | 伽利略定位 | |
| A-GPS | | | 支持 | |
| 接收灵敏度 | | | 获取 | −140dBm |
| | | | 跟踪 | −153dBm |
| 首次获星时间 | | | 冷启动 | 60s |
| | | | 暖启动 | 45s |
| | | | 热启动 | ＜1s |
| 工作温度 | | | −40～85℃ | |
| ESD | | | VBAT，GND：空气放电±8kV，接触放电±4kV | |
| | | | 射频天线接口：空气放电±8kV，接触放电±4kV | |
| | | | 其他接口：空气放电±2kV，接触放电±500V | |
| 最大发射功率 | | | Class3(0.25W) for eMTC/NB-IoT | |
| | | | Class12(0.5W)for E-GPRS | |
| 功耗 | | | 关机漏电流：5μA | |
| | | | PSM 模式：7μA | |
| 接口连接器 | | | LCC 接口 | |
| 结构尺寸 | | | 26.0mm×24.0mm×2.5mm | |
| 重量 | | | ＜5g | |
| 固定方式 | | | LCC PAD 焊接 | |
| AT 命令 | | | 支持标准 AT 指令集（Hayes 3GPP TS 27.007 和 27.005） | |
| | | | 支持 H3C 扩展 AT 指令集 | |

## 4.2.5　利尔达

　　利尔达 NB-IoT 模组是基于华为海思 Boudica 芯片组开发的，该模块为全球领先的窄带物联网无线通信模块，符合 3GPP 标准中的频段要求。其具有体积小、功耗低、传输距离远、抗干扰能力强等特点。使用该模块，可以方便客户快速、灵活地进行产品设计。其外观尺寸如图 4-5 所示，具体技术参数见表 4-7。

图 4-5
利尔达 NB-IoT
模组

表 4-7　利尔达 NB-IoT 模组参数描述

| 产品参数 | | 描述 |
|---|---|---|
| 输出功率 | | NB-IoT/eMTC: 23dBm±2.7dBm（支持频段：Band5，Band8）<br>E-GPRS B5,B8: 30dBm±2dBm<br>E-GPRS B2,B3: 33dBm±2dBm |
| 模组特性 | 接收灵敏度 | −128dBm |
| | 发射功率 | 23dBm |
| | 超低功耗 | 5μA |
| | 协议栈 | UDP/CoAP/IP |
| 接口 | ADC 接口 | 1 |
| | SIM/USIM 卡接口 | 1 |
| | UART 串口 | 2 |
| | RESET | 1 |
| | 天线接口 | 1 |
| 一般特性 | 管脚 | 42 |
| | 供电电压 | 3.1～4.2V |
| | 温度范围 | −30～85℃ |
| | 外形尺寸 | 20mm×16mm×2.2mm |
| | 封装 | LCC |
| | 重量 | <1g |
| 软件支持 | | 3GPP TR45.820 和其他 AT 扩展指令 |

# 4.3 物联网嵌入式操作系统

嵌入式操作系统（EOS）是指用于嵌入式系统的操作系统。传统嵌入式操作系统是一种用途广泛的系统软件，通常包括硬件的底层驱动软件、系统内核、设备驱动接口、通信协议、图形界面、标准化浏览器等。

物联网集多种专用或通用系统于一体，具有信息采集、处理、传输和交互等功能；传统嵌入式系统相对物联网而言更具备专用性，实现单一特定的功能，因而物联网应用架构中包含了嵌入式系统的功能。随着嵌入式系统的不断发展，其系统功能日趋复杂化，如现今发展已经比较成熟的手机、GPS 定位等系统，均可直接融入物联网中。

针对日益发展的物联网应用，产业链上的厂家根据物联网的特点、自身产品以及发展策略，打造了适用于物联网应用的嵌入式操作系统。物联网嵌入式操作系统如同物联网终端的"大脑"和"中枢神经"，物联网应用需要嵌入式系统来负责采集、传输和处理终端信息，嵌入式系统的优劣将直接影响物联网应用的效果。这里介绍两款可用于 NB-IoT 配套的嵌入式操作系统。

## 4.3.1 华为 LiteOS

Huawei LiteOS 是华为轻量级物联网操作系统，其体系架构如图 4-6 所示。

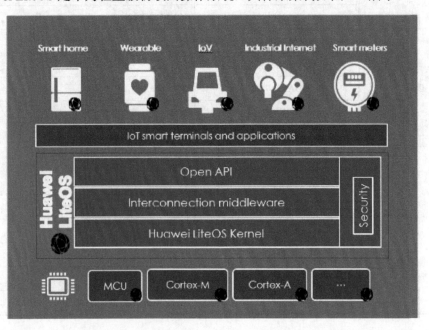

图 4-6
Huawei LiteOS
体系架构

Huawei LiteOS 由 Huawei LiteOS Kernel、互联互通中间件、开放 API 以及安全组成，具有下述特征：

1）Huawei LiteOS Kernel 为基础内核，属于最精简实时操作系统（RTOS），包括任务管理、内存管理、时间管理、通信机制、中断管理、队列管理、事件管理、定时器、异常管理等操作系统基础组件，可以单独运行。

2）互联互通中间件（Interconnection Middleware），可覆盖短距（Wifi、BT 等）/广域（4G/NB-IoT）协议，可解决不同协议架构间互联互通、互操作问题。

3）提供面向不同 IoT 领域的业务 Profile，并以开放 API 的方式提供给第三方开发者。

4）LiteOS 能够构建完备的设备侧安全、轻量级 E2E 传输安全能力。

LiteOS Kernel 主要模块包括七个方面。

（1）任务

提供任务的创建、删除、延迟、挂起、恢复等功能，以及锁定和解锁任务调度。任务按优先级可抢占，对于同优先级时间片采用轮转调度的方式调度。

（2）任务同步

信号量：支持信号量的创建、删除、PV 等功能。

互斥锁：支持互斥锁的创建、删除、PV 等功能。

（3）硬件相关

提供中断、定时器等功能。

中断：提供中断的创建、删除、使能、禁止、请求位的清除等功能。

定时器：提供定时器的创建、删除、启动、停止等功能。

（4）IPC 通信

提供事件、消息队列功能。

事件：支持读事件和写事件功能。

消息队列：支持消息队列的创建、删除、发送和接收功能。

（5）时间管理

系统时间：系统时间是由定时/计数器产生的输出脉冲触发中断而产生的。

Tick 时间：Tick 是操作系统调度的基本时间单位，对应的时长由系统主频及每秒 Tick 数决定，由用户配置。

软件定时器：以 Tick 为单位的定时器功能，软件定时器的超时处理函数在系统创建的 Tick 软中断中被调用。

（6）内存管理

提供静态内存和动态内存两种算法，支持内存申请、释放。目前，支持的内存管理算法有固定大小的 BOX 算法、动态申请 DLINK 算法。

提供内存统计、内存越界检测功能。

（7）异常接管

异常接管是指在系统运行过程中发生异常后，跳转到异常处理信息的钩子函数，打印当前发生异常函数调用栈信息，或者保存当前系统状态的一系列动作。

Huawei LiteOS 的异常接管，会在异常后打印发生异常的任务 ID 号、栈大小，以及 LR、PC 等寄存器信息。

### 4.3.2 AliOS

#### 1. AliOS 简介

AliOS Things 是 AliOS 家族旗下的、面向 IoT 领域的、轻量级物联网嵌入式操作系统。AliOS Things 致力于搭建云端一体化 IoT 基础设施，具备极致性能、极简开发、云端一体、丰富组件、安全防护等关键能力，并支持终端设备连接到阿里云 Link，可广泛应用于智能家居、智慧城市、新出行等领域。

（1）极简开发

提供高可用的免费 IDE，支持 Windows/Linux/Mac 系统。提供丰富的调试工具，支持系统/内核行为 Trace、Mesh 组网图形化显示，提供 Shell 交互，支持内存踩踏、泄露、最大栈深度等各类侦测，帮助开发者提高效率。同时，基于 Linux 平台，提供 MCU 虚拟化环境，开发者可以直接在 Linux 平台上开发硬件无关的 IoT 应用和软件库，使用 GDB/Valgrind/SystemTap 等 PC 平台工具诊断开发问题。AliOS Things 提供了包括存储（掉电保护、负载均衡）在内的各类产品级别的组件，以及面向组件的编译系统和 Cube 工具，支持灵活组合 IoT 产品软件栈。

（2）即插即用的连接和丰富服务

支持 umesh 即插即用网络技术，设备上电自动联网，它不依赖于具体的无线标准，支持 802.11/802.15.4/BLE 多种通信方式，并支持混合组网。同时 AliOS Things 通过 Alink 与阿里云计算 IoT 服务无缝连接，使开发者方便实现用户与设备、设备与设备、设备与用户之间的互联互动。

（3）细颗粒度的 FOTA 更新

AliOS Things 拆分 Kernel、Framework、App bin，支持细粒度 FOTA 升级，减少 ota 备份空间大小，有效减少硬件 Flash 成本。同时，FOTA 组件支持基于 CoAP 的固件下载，结合 CoAP 云端通道，用户可以打造端到端全链路 UDP 的系统。

（4）彻底全面的安全保护

AliOS Things 提供系统和芯片级别安全保护，支持可信运行环境（支持 ARMV8-M Trust Zone），同时支持预置 ID2 根身份证和非对称密钥以及基于 ID2 的可信连接和服务。

（5）高度优化的性能

内核支持 Idle Task 成本，RAM<1KB，ROM<2KB，提供硬实时能力。内核包含了 Yloop 事件框架以及基于此整合的核心组件，避免栈空间消耗，核心架构良好支持极小 FootPrint 的设备。

（6）解决 IoT 实际问题的特性演进

更好的云端一体融合优化，更简单的开发体验，更安全、更优的整体性能和算法支持，更多的特性演进。

2. 组件介绍

从结构来讲，AliOS Things 是一个 Layered Architecture 和 Component Architecture，自下而上包含：

- BSP：芯片厂商的板级代码。
- HAL：硬件抽象层。
- Kernel：包含自研的 Rhino 内核、Yloop、VFS、KV 文件系统。
- Protocols：协议栈，包括 TCP/IP、BLE、uMesh 等。
- Security：各类安全组件，包括 TLS、TFS 安全框架、TEE（可信执行环境）。
- 中间件及服务：Alink/MQTT/CoAP 连接协议、FOTA、JS 引擎、AT 指令框架。

以上模块都被设计为一个独立的组件，每个组件拥有独立的.mk 文件来描述组件之间的依赖关系，这使开发者能以非常直观的方式增减所需要的组件。AliOS Things 模块图如图 4-7 所示。

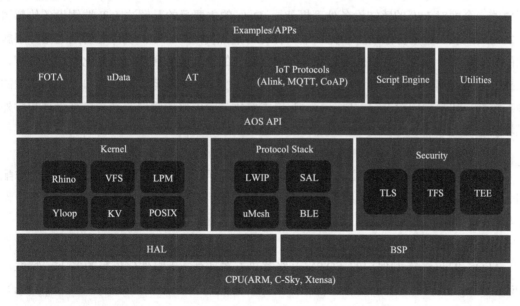

图 4-7
AliOS Things 模块图

（1）Yloop

Yloop 是一个异步事件框架，主要负责管理系统各类事件的分发处理，及各类微任务（Action）的调度。基于 Yloop，开发者可以避免多线程编程引入的复杂度和资源占用。Yloop 支持监听本地事件和网络事件，支持延时调用，支持 workqueue 处理耗时事件。AliOS Things 系统起来后有一个 main Yloop，也支持任务创建属于自己的 Yloop。Yloop 提供了注册，发送事件的接口。开发者可以用这些接口编写基于事件监听机制的程序，以及和系统其他组件的消息通信。

（2）Kernel

Kernel 是 AliOS Things 的核心组件之一，其基础是代号为 Rhino 的实时操作系统。AliOS Things Kernel 实现了多任务机制，多个任务之间的调度，任务之间的同步、通信、互斥、事件，内存分配，trace 功能，多核等的机制。

（3）uMesh

uMesh 是 AliOS Things 核心组件之一，模组之间通过 uMesh 能够形成自组织网络。uMesh 实现了 Mesh 链路管理、Mesh 路由、6LoWPAN、AES-128 数据加解密等。它能够支持 Mesh 原始数据包、IPv4 或 IPv6 多种数据传输方式。开发者可以使用熟悉的 socket 编程，利用 uMesh 提供的自组织网络实现智能设备的开发和互连，能够使用在智能照明、智能抄表、智能家居等场景。开发者也可以通过实现 uMesh 提供的 Mesh HAL 层接口，将 uMesh 移植到不同的通信介质，如 Wifi、802.15.4、BLE 等。

（4）uData

uData 是 AliOS Things 差异化核心组件之一。uData 框架设计之初的思想是在传统 sensorhub 概念的基础上，结合 IoT 的业务场景和 AliOS Things 物联网操作系统的特点设计而成的一个面对 IoT 的感知设备处理框架。uData 的主要目的是解决 IoT 端侧设备传感器开发的周期长、应用算法缺少和无云端一体化等痛点问题。uData 设计之初是遵循分层解耦的模块化设计原则，其目的是让 uData 根据客户的不同业务和需求组件化做移植适配，主要分 Kernel 和 Framework 两层，Kernel 层主要负责传感器驱动、硬件端口配置和相关的静态校准，包括轴向校准等；Framework 层主要负责应用服务管理、动态校准管理和对外模块接口等。

（5）Alink

Alink 组件提供开放、丰富、安全可靠的云服务，可以用于 Alink 上云连接服务，如配网、数据上报等。借助 Alink 组件，用户可以很方便地实现用户与设备、设备与设备、设备与用户之间的互联互动。

（6）FOTA

AliOS Things 专利保护的 FOTA 升级解决方案具有基于组件化思想的多 bin 特性。AliOS Things 实现的多 bin 版本（实现的是三 bin 方案，分为 Kernel、Framework、App bin），主要是指 AliOS Things 基于组件化思想能够独立编译、烧录、OTA 升级 Kernel、Framework、App bin。多 bin 特性致力于降低硬件成本，让应用开发者更高效地开发。

# 4.4　主流 IoT 平台

在物联网应用架构中，用移动端或者 PC 端和非同一个局域网下的其他硬件设备直接通信，或者不同的硬件设备之间的通信，都需要位于互联网上的服务器进行中转处理，这类服务器资源就是物联网云端。对于传统的中小型物联网应用开发企业，如果自行创建和管理服务器，势必需要投入比较多的资金和时间，同时还存在运维的风险。因此，市场上由专业的平台公司，通过提供物联网 PaaS 服务，帮助物联网应用开发者降低应用开发的复杂度，降低风险以及加速产品开发和缩短上市周期。

目前提供物联网平台服务的企业，大致分为三类：传统互联网企业；通信行业企业及运营商；以物联网平台为发展方向的创业公司。这里介绍以下三个主流的 IoT 平台。

## 4.4.1　中移物联 OneNET 平台

中国移动物联网开放平台 OneNET（以下简称 OneNET）是中国移动物联网有限公司响应"大众创新、万众创业"以及基于开放共赢的理念，面向公共服务自主研发的开放云平台；为各种跨平台物联网应用、行业解决方案提供简便的海量连接、云端存储、消息分发和大数据分析等优质服务，从而降低物联网企业和个人（创客）的研发、运营和运维成本，使物联网企业和个人（创客）更加专注于应用，共建以 OneNET 为中心的物联网生态环境。

OneNET 是基于物联网技术和产业特点打造的物联网生态环境，适配各种网络环境和协议类型，支持各类异构化传感器和智能硬件的快速接入和大数据服务，提供丰富的 API 和应用模板以支持各类行业应用和智能硬件的开发，能够有效降低物联网应用开发和部署成本，满足物联网领域设备连接、协议适配、数据存储、数据安全、大数据分析等平台级服务需求。

OneNET 在物联网中的基本架构如图 4-8 所示。作为 PaaS 层，OneNET 为 SaaS 层和 IaaS 层搭建连接桥梁，分别向上下游提供中间层核心能力。

OneNET 平台的价值与优势如下：

- 高并发可用。支撑高并发应用及终端接入，保证可靠服务，提供高达 99.9%的 SLA 服务可用性。
- 多协议接入。支持多种行业及主流标准协议的设备接入，如 LWM2M（NB-IoT）、MQTT、Modbus、EDP、HTTP、JT/T 808 以及 TCP 透传等；提供多种语言开发 SDK，帮助终端快速接入平台。
- 丰富 API 支持。多种 API，包括设备增删改查、数据流创建、数据点上传、命令下发等，开放的 API 接口，通过简单的调用快速实现生成应用。

- 快速应用孵化。通过拖动实现基于 OneNET 的简单应用，多种图表展示组件，减少应用开发时间。
- 数据安全存储。提供传输加密，保证用户数据 360° 全方位安全，采用分布式结构和多重数据保障机制，提供安全的数据存储。
- 全方位支撑。产品、技术、营销等全方位培训，专业团队全程支持；以最快反应速度响应客户需求和问题，不间断的售后服务支持；强大的品牌实力，为客户提供营销渠道和持续服务能力，共建物联生态圈。

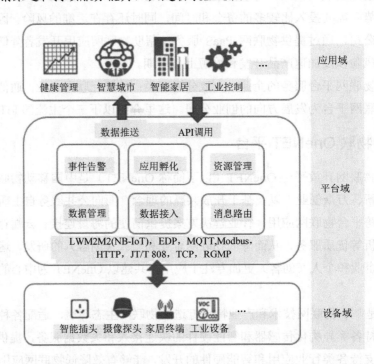

图 4-8
OneNET 业务架构

## 4.4.2 华为 OceanConnect IoT 平台

OceanConnect 是华为云核心网推出的以 IoT 联接管理平台为核心的 IoT 生态圈。基于统一的 IoT 联接管理平台，通过开放 API 和系列化 Agent 实现与上下游产品的无缝联接，给客户提供端到端的高价值行业应用，比如智慧家庭、车联网、智能抄表、智能停车、平安城市等。

华为 IoT 联接管理平台（IoT Connection Management Platform）是面向运营商和企业/行业领域的统一开放云平台，支持 SIM 和非 SIM 场景的各种联接和联接管理。通过开放的 API 和独有的 Agent，向上集成各种行业应用，向下接入各种传感器、终端和网关，帮助运营商和企业/行业客户实现多种行业终端的快速接入，以及多种行业应用的快速集成。华为 IoT 联接管理平台提供安全可控的全联接管理，使能行业革新，构建 IoT 生态。

OceanConnect IoT 平台的独特之处在于以下五个方面。

1）应用预集成的解决方案与生态链构建：以基于云化的 IoT 联接管理平台为核心，同时支持公有云和私有云部署，面向企业/行业、家庭/个人领域提供一系列的预集成应用；立足于构建一个与合作伙伴共赢的生态链，越来越多的应用正在加入华为物联网平台，共同构建一个智能的全连接世界，创造更大的商业价值。

2）接入无关（任意设备、任意网络、多协议适配）：支持无线、有线等多种网络连接方式接入，可以同时接入固定、移动（2G/3G/4G/NB-IoT）；丰富的协议适配能力，支持海量多样化终端设备接入；Agent 方案简化了各类终端厂家的开发，屏蔽了各种复杂设备接口，实现了终端设备的快速接入；同时提供预集成 Agent 的室内外物联网敏捷网关，真正做到给用户提供端到端的物联网基础平台，让用户聚焦于自身的业务；平台帮助客户实现了应用与终端的解耦合，帮助用户不再受限于私有协议对接，获得灵活地分批建设系统的自由。

3）强大的开放与集成能力：网络 API、安全 API、数据 API 三大类 API，帮助行业集成商和开发者实现强大的联接安全，实现数据的按需获取和个性化的用户体验；华为 IoT 联接管理平台的集成框架安全、可靠，可以实现与现网网元、IT 系统的快速集成；通过生态构建支持，可以给应用厂商提供零成本的云调试对接环境，快速体验华为 API 并完成新产品的集成。

4）大数据分析与实时智能：实现了云端平台、边缘网关、智能终端的分层智能与控制；提供规则引擎等智能分析工具。

5）支持全球主流 IoT 标准：华为 IoT 联接管理平台支持全球主流 IoT 标准协议及功能实现，包括权威平台规范 OneM2M、ETSI 等。在家庭网络领域，遵循了 ZWave/Zigbee/Bluetooth/ Allseen/Thread 等标准，同时华为推出了 Hi-Link 家庭网络标准。在车联网领域，遵循了 JT/T 808 等标准规范。

## 4.4.3　阿里云物联网套件

物联网套件是阿里云专门为物联网领域的开发人员推出的，其目的是帮助开发者搭建安全且性能强大的数据通道，方便终端（如传感器、执行器、嵌入式设备或智能家电等）和云端的双向通信。全球多节点部署让海量设备在全球范围内都可以安全、低延时地接入阿里云 IoT Hub。在安全上，物联网套件提供多重防护，保障设备云端安全。在性能上，物联网套件能够支撑亿级设备长连接，百万消息并发。阿里物联网套件还提供了一站式托管服务，从数据采集到计算到存储，用户无须购买服务器部署分布式架构，通过规则引擎只需在 Web 上配置规则，即可实现采集+计算+存储等全栈服务。

阿里云物联网套件的主要五大功能如下。

1）设备轻松接入云端：物联网套件提供设备端 SDK 让设备轻松接入阿里云。这样，企业在不用购买服务器的情况下就可以实现大规模的设备接入云端，而且物联网套件能够保障设备与云端通信的质量、性能、安全以及网络等。

2）提供设备管理服务：物联网套件云提供设备管理的服务，通过树形结构的设备管理模型实现设备的状态管理。

3）保护设备和数据：物联网套件在所有节点提供身份验证和端到端加密服务，这些节点包括设备端和阿里云各个云服务。如果没有通过身份验证，节点之间无法进行数据交换，即意味着设备无法与物联网套件通信。此外，物联网套件还提供了设备级的权限粒度服务，这个服务保证设备或者应用程序只有具有相应的访问权限，才能操作某些资源。

4）存储设备数据：物联网套件不会做存数据的工作，通过联合阿里云其他存储产品，例如 Table Store、RDS 为用户提供采集+存储的完整解决方案。简单来说，物联网套件通过规则引擎与存储产品打通，开发者不需要购买服务器，只需要在规则引擎中配置一些简单的规则，就可以将设备数据存储到指定的资源中。

5）计算设备数据：物联网套件会通过规则引擎与阿里云的计算产品无缝打通，例如流式计算、大规模计算。具体来说，就是物联网套件将接入的设备数据按照客户的意愿转发到计算产品中。开发者不用购买服务器，只需要在规则引擎中配置一些简单的规则，就可以对设备数据进行各种各样的计算，可以是实时计算，也可以是离线计算。

## 4.5 物联网 SIM 卡

物联网本质上是建立各种设备之间的连接。物联网的成长基于互联网的发展，移动互联网让手机等智能终端连网；物联网则是让各个设备、各个物体，甚至人与人都接入互联网，通过连接创造更大的价值。物联网的无线通信技术有很多，主要有 Wifi、蓝牙、蜂窝物联的物联网卡等。物联网 SIM 卡作为 NB-IoT 物联网应用的通信手段之一，将伴随整个物联网的发展快速爆发。

物联网 SIM 卡是由运营商（中国移动、中国联通、中国电信）提供的 2G/3G/4G 以及 NB-IoT 卡，SIM 卡芯片上存储了客户信息、加密密钥以及用时信息等内容。物联网 SIM 卡硬件和外观与普通的 SIM 卡完全一样，采用专用号段和独立网元，满足智能硬件和物联网行业对设备联网的管理需求，以及集团公司连锁企业的移动信息化应用需求。物联网 SIM 卡可广泛应用于移动传媒、监控和监测、医疗健康、车联网、可穿戴设备、智能表具、无线 POS 机等诸多领域。特别是有线网络以及 Wifi 不能覆盖的区域，就需要物联网卡来发挥作用了。

物联网 SIM 卡和普通 SIM 卡的区别主要体现在以下四个方面。

1）物联网 SIM 卡拥有专属号段：每家运营商均拥有物联网专属的号段，物联网 SIM 卡的卡号段为 13 位。

2）物联网 SIM 卡分类：物联网 SIM 卡根据用户需求分为嵌入式、贴片式以及 eSIM（空中写号）。

3）物联网 SIM 卡具有管理平台：用户可以通过管理平台，实现充值记录、使用记录、余额以及流量情况等信息查询和管理。

4）物联网 SIM 卡资费相对低廉：针对 NB-IoT 应用，目前运营商均提供了不同流量或者连接数的计费套餐。

在本书中涉及的例程，如果读者需要物联网 SIM 卡，可以自行联系运营商进行购买。按照相关法律规定，使用 NB-IoT 网络的 SIM 卡同样需要用户实名认证。

# 本章小结

本章对市场上主流的 NB-IoT 应用组件进行了较为详细的介绍，这些内容是后面实战练习和实际应用必不可少的组成环节。和传统的物联网技术相比，NB-IoT 增加了物联网嵌入式操作系统和 IoT 平台的部分，这些内容将更好地适配大连接应用的开发、实施和维护。

## 参 考 文 献

戴博，袁弋非，余媛芳，2016. 窄带物联网（NB-IoT）标准与关键技术[M]. 北京：人民邮电出版社.

郭宝，张阳，顾安，等，2017. 万物互联 NB-IoT 关键技术与应用实践[M]. 北京：机械工业出版社.

解运洲，2017. NB-IoT 技术详解与行业应用[M]. 北京：科学出版社.

刘云浩，2013. 物联网导论[M]. 3 版. 北京：科学出版社.

易飞，刘晓丰，史相斌，2014. EPC 原理与实践[M]. 北京：电子工业出版社.

3GPP, 2016. Narrowband Internet of Things(NB-IoT) Technical Report for BS and UE radio transmission and reception (Release 13): 3GPP TR 36.802[S].

3GPP, 2015. Revised Work Item: Narrowband IoT(NB-IoT): 3GPP RP-152284[S].

3GPP, 2016. Simulation Result of UCG Parameters for NB-IoT: R4-163255[S].

3GPP, 2016. Study on architecture enhancements for Cellular Internet of Things(Release 13): 3GPP TR 23.720 [S].

3GPP, 2015. Study on system impacts of extended Discontinuous Reception(DRX)cycle for power consumption optimization(Release 13): 3GPP TR 23.770[S].

3GPP, 2016. Work Item: Enhancements of NB-IoT: 3GPP RP-161901[S].

# 第 5 章　NB-IoT 实战工具包

## 5.1　工具包概述

这是一款由钛比科技最新推出的基于 STM32F103VCT6 的高性能物联网开发板。开发板包含以下几个部分，具体如图 5-1 所示。

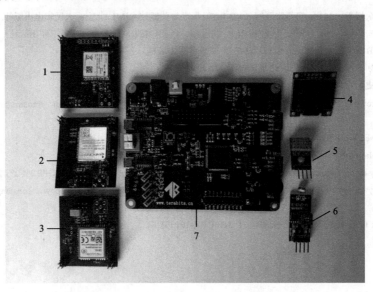

图 5-1

硬件工具包的主要组成部分

1. M5310 子板；2. BC95 子板；3. 2G 子板；4. OLED 显示屏；5. 温湿度传感器；

6. 光敏传感器；7. 主板

本开发板是基于 STM32F103VCT6 芯片所研发的一款物联网开发板，STM32F103VCT6 这款芯片具有高性能、低功耗的特点。其内核为 ARM 32 位 Cortex™-M3 CPU，最高 72MHz 的主频率，256KB 的闪存，80 个高速 I/O 口以及丰富的通信接口，芯片尺寸仅为 16mm×16mm。

本开发板包括 485 接口、用户按键、用户 LED、蜂鸣器、温湿度传感器、光敏传感器、

OLED 显示屏及两种 NB-IoT 模块和一种 GPRS 模块等。除此之外，本开发板还留有 16 个独立 I/O 口、两个 UART 口供用户自主选择、设计。开发套件整体组装如图 5-2 和图 5-3 所示。

图 5-2

开发套件组装
图（顶视图）

图 5-3

开发套件组装
图（侧视图）

　　本开发板可用于多个领域：智能电表、水表；智能家居；智能交通；智能医疗；智能物流等。

# 5.2　主板介绍

### 1．模块关系结构

　　开发套件主板的模块关系结构如图 5-4 所示。其中，双箭头表示串口相连；单箭头表示 MCU 输入或输出；加粗黑线表示电源线。整体电路连接关系如下：5V 电源输入降压至 3.3V 和 3.8V，3.3V 为 STM32F103VCT6（MCU）和传感器供电；3.8V 为无线子板供电。

LED 灯、BUZZER 蜂鸣器连接至 MCU 的 I/O 口,由 MCU 控制;KEY 按键、PHOT 光敏传感、TEMP 温度传感作为输入连接至 MCU;OLED 显示屏与 MCU 是 I2C 总线连接。CH0 有 3 对接口,分别与 MCU 的 USART3,子板的 USART 以及 UNIT_UART 连接,这 3 对接口通过跳帽选择连接。MCU 内部的 USART1 与 MCU_UART 相连,该串口为 MCU 下载串口;485 转串口与 MCU 的 UART 相连,两者通过串口传输数据。无线子板与 CH1 相连,CH1 有 3 组接口,其中有一对是子板的串口,该串口与 CH0 相连。

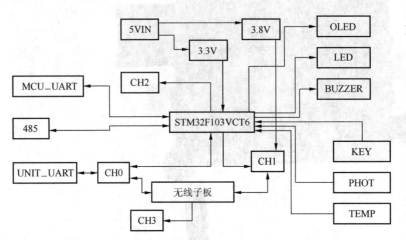

图 5-4
模块关系结构图

### 2. 主板功能模块介绍

下面分别介绍主板上的芯片与主要功能模块,如图 5-5 所示。

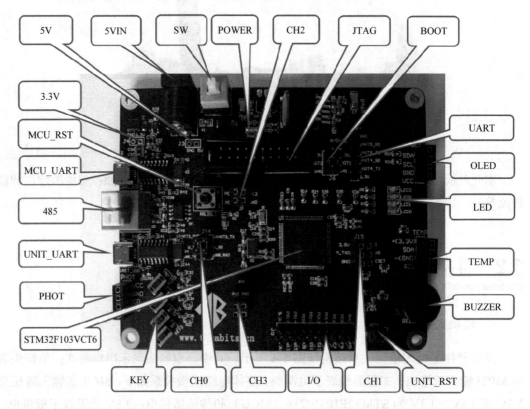

图 5-5
主板各功能模块

STM32F103VCT6：开发板的主控芯片。主控芯片是整个板子的核心，STM32F103VCT6（以下用 MCU 称呼）是 ST 公司产品，采用的是 LQFP100 封装。主控芯片的电路原理图如图 5-6 所示。

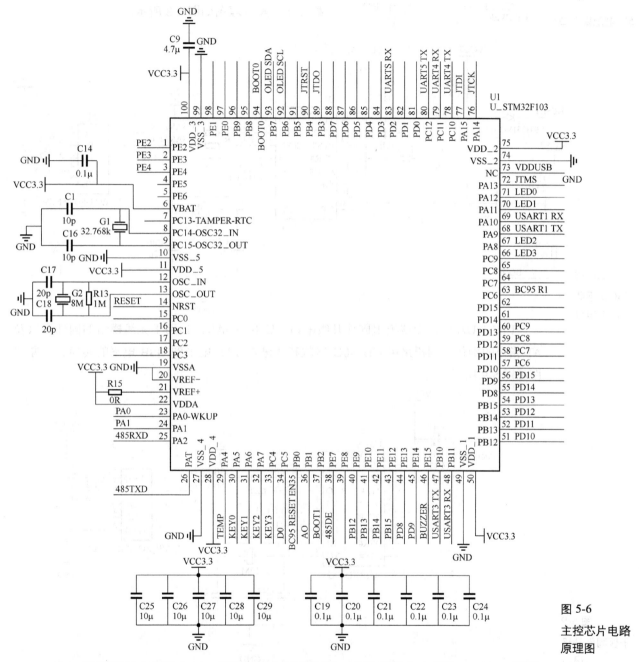

图 5-6
主控芯片电路
原理图

5VIN：开发板的电源输入口，使用 5V 电源适配器。开发板供电电压为 DC 5V，请使用开发板自带的电源适配器，不要用其他规格的电源适配器，以免损坏开发板。电源接口原理图如图 5-7 所示。

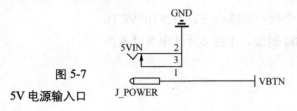

**图 5-7**
**5V 电源输入口**

MCU_UART：MCU 的下载调试串口。采用 CH340G 进行 TTL 电平到 USB 电平的转换，此串口主要用来进行开发板和 PC 端之间的交互，打印开发板的调试信息、下载程序。其原理图如图 5-8 所示。

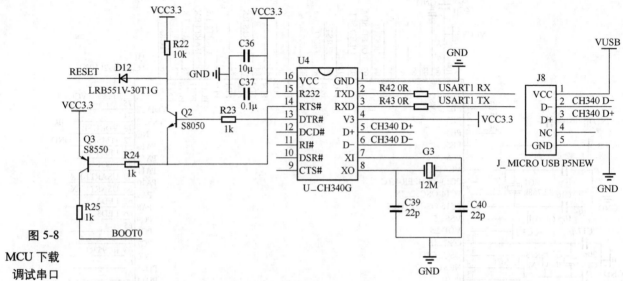

**图 5-8**
**MCU 下载**
**调试串口**

UNIT_UART：无线模组固件升级串口。UNIT_UART 口用于无线模组的固件升级及 AT 指令的操作。同样采用 CH340G 这款芯片进行 TTL 电平到 USB 电平的转换。其原理图如图 5-9 所示。

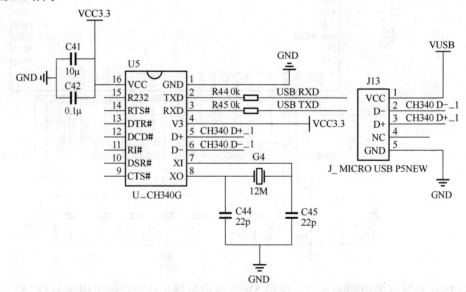

**图 5-9**
**子板固件升级**
**串口**

JTAG：STM32F103VCT6 的下载调试接口。JTAG 可以实时跟踪代码，实现硬件调试，从而找出代码中的 BUG。JTAG 下载调试接口原理图如图 5-10 所示。

**注意：**严禁带电拔插 JTAG 下载线。

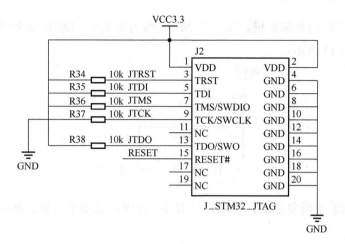

图 5-10

MCU 的下载调试接口

485：485 通信接口。485 通信接口是一种硬件描述，它只需要两根通信线，即可在两个或两个以上的设备之间进行数据传输。这种数据传输的连接，是一种半双工的通信方式。在某一个时刻，一个设备只能进行数据的发送或接收。485 通信接口原理图如图 5-11 所示。

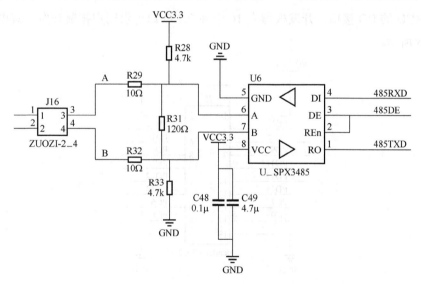

图 5-11

485 串口转换电路

SW：电源开关，控制开发板电源的通断。SW 开关选用的是六脚自锁开关。开关按下，电路导通，开发板上电。电源开关原理图如图 5-12 所示。

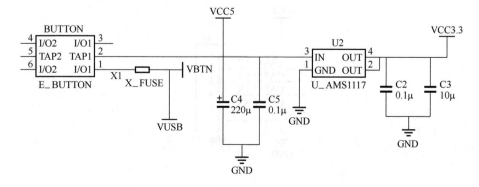

图 5-12

电源开关

MCU_RST：MCU 的复位按键。按下时 MCU 侧为低电平，MCU 恢复到起始状态。其电路原理图如图 5-13 所示。

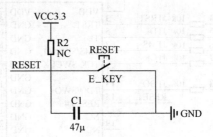

图 5-13
MCU 的复位
电路

UNIT_RST：物联子板复位键。物联模组的复位按键，低电平有效。其电路原理图如图 5-14 所示。

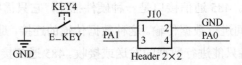

图 5-14
物联子板复
位键

I/O：MCU 的 I/O 接口。开发板留有 16 个独立 I/O 口可供用户拓展开发。其电路原理图如图 5-15 所示。

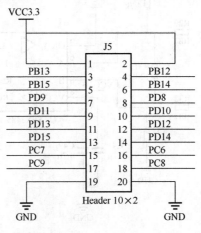

图 5-15
MCU 的 I/O 接口

UART：2 个用户串口。本开发板留有 UART4 和 UART5 两个串口供用户拓展开发。其电路连接原理图如图 5-16 所示。

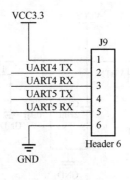

图 5-16
用户串口

BOOT：开发板的启动选择端口，有两位（BOOT1 和 BOOT0），用于选择复位后 MCU 的启动模式。其电路原理图如图 5-17 所示。

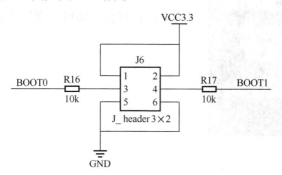

图 5-17

开发板的启动
选择端口

用户可以通过设置 BOOT0 和 BOOT1 引脚的状态来选择复位后的启动模式，具体模式与设置的对应见表 5-1。

表 5-1　BOOT 状态与 MCU 启动模式对应表

| 启动模式选择引脚 | | 启动模式 | 说明 |
|---|---|---|---|
| BOOT1 | BOOT0 | | |
| X | 0 | 主闪存存储器 | 主闪存存储器被选为启动区域 |
| 0 | 1 | 系统存储器 | 系统存储器被选为启动区域 |
| 1 | 1 | 内置 SRAM | 内置 SRAM 被选为启动区域 |

默认设定为：BOOT0=BOOT1=0 的出厂模式。

CH0：无线模组的串口选择端口，如图 5-18 所示。

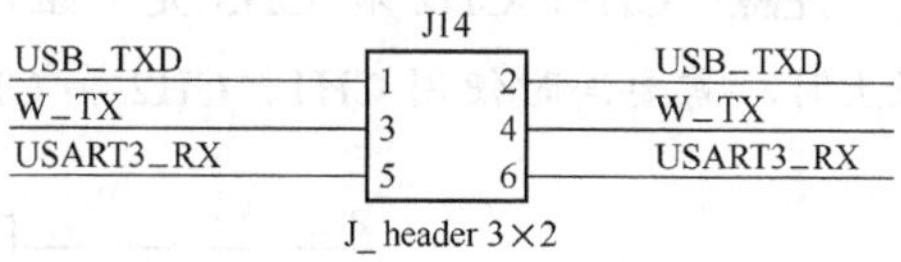

图 5-18

无线模组的串口选择端口

这个端口的六个接口分别是：USB_RXD、USB_TXD、W_RXD、W_TXD、USART3_TX、USART3_RX。无线模组可以通过跳帽选择与 MCU 串口（USART3_TX、USART3_RX）相连或与 UNIT_UART（USB_RXD、USB_TXD）相连；在与 MCU 串口相连时，可以通过 MCU 设置无线模组的工作方式；在与 UNIT_UART 串口相连时，可以通过计算机串口直接控制无线模组的工作方式。

**注意**：本开发板出厂默认无线模组与 MCU 串口相连。

**注意**：用户在使用无线模组时，不要断开无线模组串口（W_RXD、W_TXD）与 MCU 串口（USART3_TX、USART3_RX）的连接。

跳帽设置如图 5-19 和图 5-20 所示。

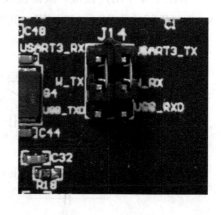

图 5-19

无线模组串口
与 MCU 串口
相连时的跳线
帽设置

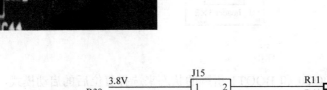

CH1：无线模组与主板接口，如图 5-21 所示。此接口是无线模组使用时必用接口。用户只需要按照对应接口安装即可。详细介绍见 5.3 节。

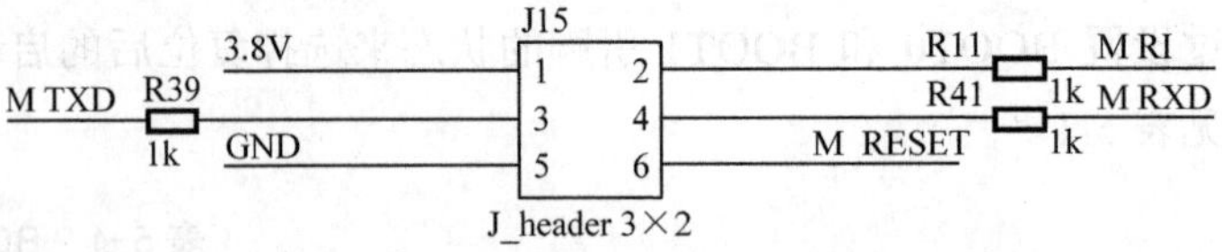

**图 5-20**

无线模组串口与 USB 串口相连时的跳线帽设置

**图 5-21**

无线模组与主板接口 1

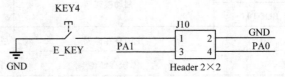

CH2：无线模组与主板接口，如图 5-22 所示。详细介绍见 5.3 节。

**图 5-22**

无线模组与主板接口 2

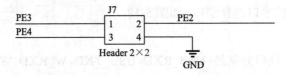

CH3：无线模组与主板接口，如图 5-23 所示。

**注意：** CH1、CH2 和 CH3 是一组无线模组和主板的接口；当一个无线模组连接到主板上时，需要同时使用 CH1、CH2 和 CH3 接口。

**图 5-23**

无线模组与主板接口 3

**KEY：** 4 个用户按键。按键被按下时，MCU 侧为低电平；不按时，MCU 侧为高电平。KEY 可供用户作为开关等使用。其原理图如图 5-24 所示。

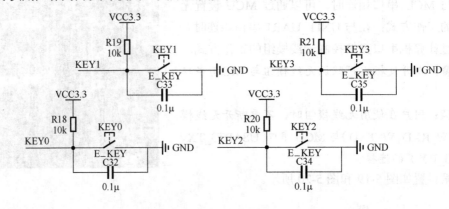

**图 5-24**

用户按键原理图

**POWER**：电源指示灯。如果 5V 稳压到 3.3V 成功，则表明系统供电正常，电源指示灯点亮。电源指示灯原理图如图 5-25 所示。

图 5-25
电源指示灯原理图

**LED**：4 个用户 LED 灯。当 MCU 的引脚输出为低电平时，LED 会被点亮。可供用户测试开发板性能或用作信号灯。其电路图如图 5-26 所示。

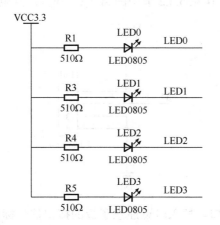

图 5-26
用户 LED 灯电路图

**BUZZER**：蜂鸣器。当 MCU 引脚输出为高电平时，蜂鸣器鸣叫。用户可用作报警信号等。其电路原理图如图 5-27 所示。

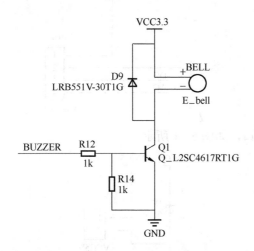

图 5-27
蜂鸣器电路原理图

**OLED**：OLED 显示屏接口，其电路原理图如图 5-28 所示。插入时请观察子板的接口信号标识，将其和主板的接口信号按对应关系连接。具体功能及实用操作见 5.3.2 节中的第（1）部分。

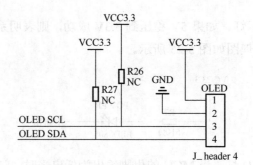

图 5-28
OLED 显示屏
接口原理图

**TEMP**：温湿度传感器接口。插入时请观察子板的接口信号，将其和主板的接口信号对齐。具体功能及实用操作见 5.3.2 节中的第（2）部分。其电路原理图如图 5-29 所示。

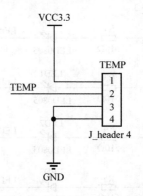

图 5-29
温湿度传感器
接口原理图

**PHOT**：光敏传感器接口。插入时请注意子板的接口信号标识，将其和主板的接口信号对应。具体功能及实用操作见 5.3.2 节中的第（3）部分。其电路原理图如图 5-30 所示。

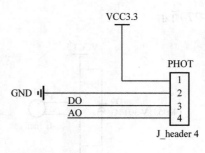

图 5-30
光敏传感器接
口原理

**5V**：5V 电源测试接口，如图 5-31 所示。

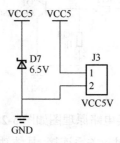

图 5-31
电源测试接口

**3.3V**：3.3V 电源测试接口，如图 5-32 所示。

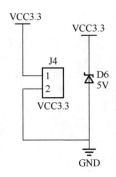

图 5-32

3.3V 电源测试
接口

# 5.3　配套子板介绍

## 5.3.1　无线子板

（1）BC95 子板

BC95 子板是基于移远通信公司的 BC95-B5/B8（以下统称为 BC95）物联网模组研发的通信子板。图 5-33 中的 BC95 模组，是一款高性能、低功耗的 NB-IoT 的无线通信模组，支持 850/900MHz 频段。其尺寸仅为 19.9mm×23.6mm×2.2mm，能最大限度地满足开发板对小尺寸模块产品的需求。图 5-33(b)为子板上的推拉式 SIM 卡插槽，用来放置各运营商的物联网 SIM 卡。图 5-34 是该 SIM 卡槽的标注，用户请按照实物箭头方向推拉 SIM 卡槽盖。

（a）反面

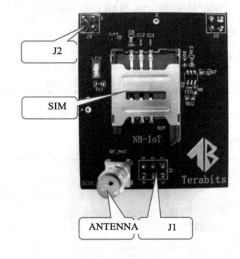

（b）正面

图 5-33

BC95 子板

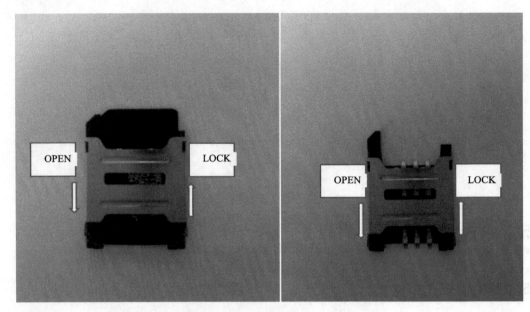

图 5-34

SIM 卡插槽推
拉方向示意图

图 5-33 中的 ANTENNA 是 900/850MHz 天线的 SMA 接口。

图 5-33 中的 J1 接口含义说明见表 5-2。

**表 5-2    BC95 子板 J1 接口说明表**

| 接 口 位 号 | 接 口 名 称 | 说　明 |
|---|---|---|
| 1 | 3.8V | 3.8V 为 BC95 模组供电电压，由主板提供电源 |
| 2 | BC95_RI | 模块输出振铃提示。待机状态输出高电平；当收到 URC 信息时，RI 会被触发拉低 120ms |
| 3 | BC95_TXD | BC95_TXD 与 MCU 的 RXD 相连，发送数据给 MCU |
| 4 | BC95_RXD | BC95_RXD 与 MCU 的 TXD 相连，接收 MCU 发来的数据 |
| 5 | GND | GND |
| 6 | BC95_RESET_EN | MCU 实现软件复位 BC95 模组 |

图 5-33 中的 J2 接口含义说明见表 5-3。

**表 5-3    BC95 子板 J2 接口说明表**

| 接 口 位 号 | 接 口 名 称 | 说　明 |
|---|---|---|
| 1 | BC95_RESET | BC95 的复位引脚。该引脚与底板接口相连，底板上的按键按下为低电平，实现 BC95 的复位（模组 RESET 内部已上拉） |
| 2 | NC | |
| 3 | NC | |
| 4 | NC | |

**注意**：此处 J1 和 J2 的接口定义，与主板上的 CH1 和 CH3 对应。

（2）M5310 子板

M5310 子板是基于中国移动公司 M5310 物联网模组研发的通信子板。图 5-35 中的 M5310 模组，是一款工业级的两频段 NB-IoT 无线模块，其频段是 Band5 或 Band8。它主要应用于低功耗的数据传输业务。M5310 是 LCC 封装的贴片式模块，30 个管脚，尺寸仅为 19mm×18mm×2.2mm，比 BC95 的尺寸更小。M5310 内嵌 UDP/COAP 等数据传输协议及扩展的 AT 命令。图 5-35(b)中的推拉式 SIM 卡插槽，是用来放置各运营商的物联网 SIM 卡的。图 5-36 是该 SIM 卡槽的标注，用户请按照实物箭头方向推拉 SIM 卡槽盖。

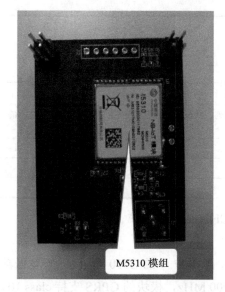

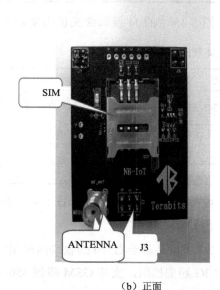

图 5-35
M5310 子板

（a）反面　　　　　　　　　　　　　　（b）正面

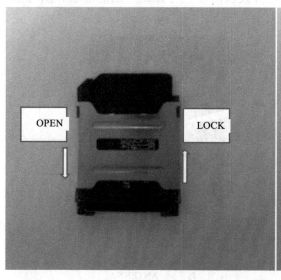

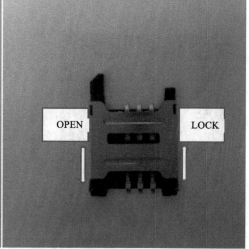

图 5-36
SIM 卡插槽推拉方向示意图

图 5-35 中的 ANTENNA 是 900/850MHz 天线的 SMA 接口。

图 5-35 中的 J3 接口含义说明见表 5-4。

**表 5-4   M5310 子板 J3 状态接口说明表**

| 接 口 位 号 | 接 口 名 称 | 说　　明 |
|---|---|---|
| 1 | 3.8V | 3.8V 是 M5310 模组供电电压，由主板提供电源 |
| 2 | M5_RI | 作为 M5310 通用 I/O 口使用 |
| 3 | M5_TXD | M5_TXD 与 MCU 的 RXD 相连，发送数据给 MCU |
| 4 | M5_RXD | M5_RXD 与 MCU 的 TXD 相连，接收 MCU 发来的数据 |
| 5 | GND | GND |
| 6 | M5_RESET_EN | MCU 实现软件复位 M5310 模组 |

图 5-35 中的 J4 接口含义说明见表 5-5。

**表 5-5   M5310 子板 J4 状态接口说明表**

| 接 口 位 号 | 接 口 名 称 | 说　　明 |
|---|---|---|
| 1 | M5_RESET | M5310 的复位引脚。该引脚与底板接口相连，底板上的按键按下为低电平，实现M5310 的复位 |
| 2 | NC | |
| 3 | NC | |
| 4 | NC | |

**注意：**此处 J3 和 J4 的接口定义，与主板上的 CH1 和 CH3 对应。

（3）2G 子板

2G 子板是基于 G510 的物联网模组的通信子板。图 5-37 中的 G510 模组，是一款低功耗的 2G 通信模组，支持 GSM 四频 850/900/1800/1900 MHz，模块的 GPRS 支持 class 10。其尺寸仅为 20.2mm×22.2mm×2.5mm，满足开发板对小尺寸模块产品的需求。图 5-37

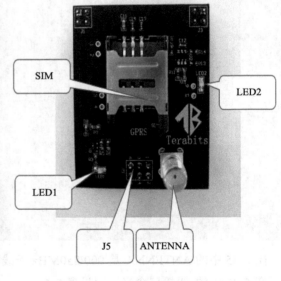

图 5-37

2G 子板　　　　　　　　　　　　（a）反面　　　　　　　　　　　　（b）正面

中的推拉式 SIM 卡插槽，是用来放置各运营商的物联网 SIM 卡的。图 5-38 是该 SIM 卡槽的标注，用户请按照实物箭头方向推拉 SIM 卡槽盖。

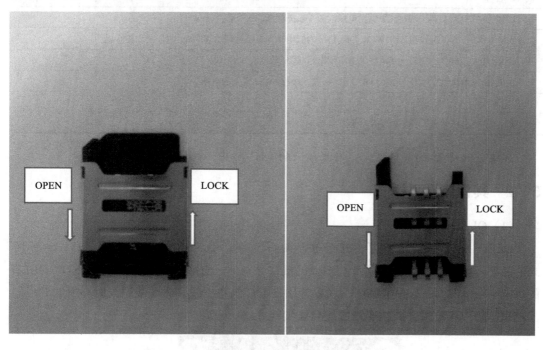

图 5-38

SIM 卡插槽推拉方向示意图

　　图 5-37 中的 ANTENNA 是 900/850MHz 天线的 SMA 接口；LED1 是 G510 开关机状态指示灯。LED1 亮，表示 G510 处于开机状态；LED1 灭，表示 G510 处于关机状态。LED2 是模块工作状态指示灯，其具体含义见表 5-6。

表 5-6　G510 模块工作状态表

| LED 状态 | 模块工作状态 |
| --- | --- |
| 一直灭 | 模块工作在以下模式之一：<br>· 关机模式<br>· 睡眠模式 |
| 600ms 灭/ 600ms 亮 | 模块工作在以下模式之一：<br>· 没有 SIM 卡<br>· SIM PIN<br>· 注册网络（T<15s）<br>· 注册网络失败（一直） |
| 3s 灭/75ms 亮 | 模块工作模式：待机模式 |
| 75ms 灭/75ms 亮 | 模块工作模式：一个或多个 GPRS 文本激活 |

图 5-37 中的 J5 接口含义说明见表 5-7。

表 5-7　2G 子板 J5 接口说明表

| 接 口 位 号 | 接 口 名 称 | 说　　明 |
|---|---|---|
| 1 | 3.8V | 3.8V 是 G510 模组供电电压，由主板提供电源 |
| 2 | M_PWN_ON | 开关机按钮，POWER_ON 信号为低电平并且持续超过 800ms 时，模块将开机 |
| 3 | MCU_RXD | MCU_RXD 与 MCU 的 RXD 相连，发送数据给 MCU |
| 4 | MCU_TXD | MCU_TXD 与 MCU 的 TXD 相连，接收 MCU 发来的数据 |
| 5 | GND |  |
| 6 | WAKE_UP | 唤醒睡眠模块，低电平有效 |

**注意：** 此处 J5 的接口定义，与主板上的 CH1 对应。

## 5.3.2　其他外设子板

（1）OLED 显示屏

OLED 显示屏主要采用了 SSD1306，如图 5-39 所示。SSD1306 是一款 128×64 点阵式液晶显示模块。OLED 显示屏与主板的接口分别是：SDA、SCL、VCC、GND。OLED 的供电电压 VCC 是 3.3V，SDA、SCL 分别是 I2C 的数据线和时钟线，同时小板的 I2C 加了上拉电阻。用户只需要按照对应接口安装即可。

图 5-39
OLED 显示屏

图 5-39 中的接口说明见表 5-8。

表 5-8　OLED 接口说明

| 接 口 位 号 | 接 口 名 称 | 说　明 |
|---|---|---|
| 1 | VCC | OLED 的供电电压 VCC 是 3.3V |
| 2 | GND |  |
| 3 | SCL | I2C 的时钟线 |
| 4 | SDA | I2C 的数据线 |

**注意：** 此处接口定义，与主板上的 OLED 对应。

（2）温湿度传感器

温湿度传感器主要采用了 DHT12 模块，如图 5-40 所示。
DHT12 数字式温湿度传感器是一款含有已校准数字信号输出
的温湿度复合型传感器，DHT12 具有单总线和标准 I2C 两种
通信，且单总线通信方式完全兼容 DHT11 模块。

注意：本开发板使用的是单总线通信。

温湿度传感器与主板的接口分别是：+（VCC）、SDA、
－（GND）、SCL。温湿度传感器的供电电压+（VCC）是 3.3V；
SDA 是单总线，由 MCU 控制；SCL 与 GND 同时接地（本开
发板已经接地）。用户只需要按照对应接口安装即可。

图 5-40 中的接口说明见表 5-9。

图 5-40
温湿度传感器

表 5-9　温湿度传感器接口表

| 接 口 位 号 | 接 口 名 称 | 说　明 |
|---|---|---|
| 1 | +（VCC） | 温湿度传感器的供电电压+（VCC）是 3.3V |
| 2 | SDA | SDA 是单总线，由 MCU 控制 |
| 3 | －（GND） | |
| 4 | SCL | SCL 与 GND 同时接地（本开发板已经接地） |

注意：此处接口定义，与主板上的 TEMP 对应。

（3）光敏传感器

光敏传感器主要采用了灵敏性光敏电阻传感器，如图 5-41 所示。
光敏传感器与主板的接口分别是：VCC、GND、DO、AO。光敏传感
器的供电电压 VCC 是 3.3V。DO 是开关量输出；DO 输出端与 MCU 相
连，通过 MCU 检测 DO 输出的高低电平，依此来检测环境光线亮度改
变。AO 是模拟量输出；AO 与 MCU 的 ADC 模块相连，通过 AD 转换，
可以获得环境光强更精准的数值。

图 5-41 中的接口说明见表 5-10。

图 5-41
光敏传感器

表 5-10　光敏传感器接口列表

| 接 口 位 号 | 接 口 名 称 | 说　明 |
|---|---|---|
| 1 | VCC | 光敏传感器的供电电压 VCC 是 3.3V |
| 2 | GND | |

| 接口位号 | 接口名称 | 说　　明 |
|:---:|:---:|---|
| 3 | DO | DO 输出端与 MCU 相连，通过 MCU 检测 DO 输出的高低电平，依此来检测环境光线亮度改变 |
| 4 | AO | AO 是模拟量输出。AO 与 MCU 的 ADC 模块相连，通过 AD 转换，可以获得环境光强更精准的数值 |

**注意：**此处接口定义，与主板上的 PHOT 对应。

# 5.4　工具包硬件设计说明

## 5.4.1　电源部分

　　主控芯片 STM32F103VCT6 的供电电压为 3.3V，模组的供电电压为 3.8V。所以需要将输入的 5V 电压稳压至 3.3V 和 3.8V。

　　5V 稳压至 3.3V，采用的是 AMS1117-3.3 降压型稳压器，AMS1117 是线型稳压器，输出的最大电流为 0.8A，具有低压差、高精度等特性。从图 5-42 所示电源模块原理图可

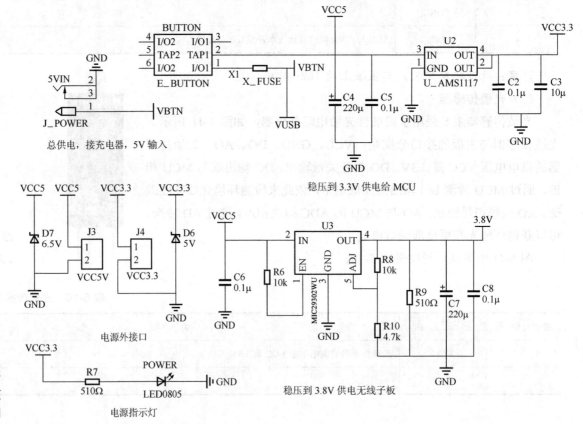

图 5-42
电源模块原
理图

以看到，5V 电源经过一个 220μF 和一个 0.1μF 去耦电容进入 AMS1117 的 IN 端，其 OUT 端经过一个 0.1μF 和一个 10μF 去耦电容输出电压 3.3V。输入端的 220μF 的电容可以储存较大的电量，0.1μF 的电容的 ESL 更低，适应高频电路，所以二者结合使用可以有效地减小电源纹波，减小电源噪声以及提高瞬态电流的响应时间。输出端的 0.1μF 电容和 10μF 电容的作用也是去耦，减小输出电压的噪声和纹波。

5V 稳压至 3.8V，采用的是 MIC29302WU 降压型稳压器。MIC29302WU 是线型稳压器，输出的最大电流为 3A，是一款大电流、低压差稳压器。考虑到 4G 和 2G 模组需要较大的电流，所以选用了这一款大电流稳压器，其最大输出电流足以满足模组的电流需求。因为选用的 MIC29302WU 是 ADJ 型的，计算 R8 和 R10 的电阻值：$VOUT = 1.240 \times \left( \dfrac{R8}{R10} + 1 \right)$，分别选择 R8=10kΩ，R10=4.7kΩ。使能端接入高电平有效。

## 5.4.2　USB 电平转换电路

### 1. MCU 下载串口

MCU 下载串口电路（图 5-43）采用的 USB 转串口芯片是 CH340G。CH340G 是目前市场上性价比最高的一款 USB 转串口芯片。

分析 USB 转串口电路，我们把 BOOT 电路也放进来，需要知道的是，STM32F103 系列芯片内部只有 UASRT1 具有串口下载功能。在 5.2 节主板功能介绍中的 BOOT 部分，说明了一个 MCU 关于 BOOT0 和 BOOT1 的不同状态组合选择不同的启动方式。默认设定是 BOOT0=BOO1=0，即选择主闪存存储器作为程序下载启动区域，在用 JTAG 下载的时候是没有任何问题的；但是，在用串口(ISP)下载的时候需要注意，BOOT0 和 BOOT1 经下拉电阻后用跳线帽和地相连，这一操作无论使用 JTAG 下载还是用串口下载都不变。但是，用串口下载的时候，主闪存存储器不再作为启动区域，而是系统存储器被选为启动区域，这意味着 BOOT0 =1，BOOT1=0。当然，硬件上也可以对此进行操作，下载的时候将 BOOT0 接高电平，下载完毕再接低电平。这样操作太麻烦，所以我们通过 CH340G 的 RTS 来控制 MCU 的 BOOT0。

CH340G 中的 DTR：MODEM 联络输出信号，数据终端就绪，低电平有效；CH340G 中的 RTS：MODEM 联络输出信号，请求发送，低电平有效。

当烧写程序的时候，希望 BOOT0=1，BOOT1=0；当烧写完成后，希望 BOOT=0，BOOT1=X。CH340G 上电的时候，DTR 和 RTS 都是高电平；用烧录软件下载的时候，我们认定"DTR 低电平复位，RTS 高电平进入 BootLoader"。

分析电路可知，程序下载过程中，CH340G 的 RTS 低电平输出，Q3 导通，BOOT0 高电平。下载结束后，BOOT0 低电平。

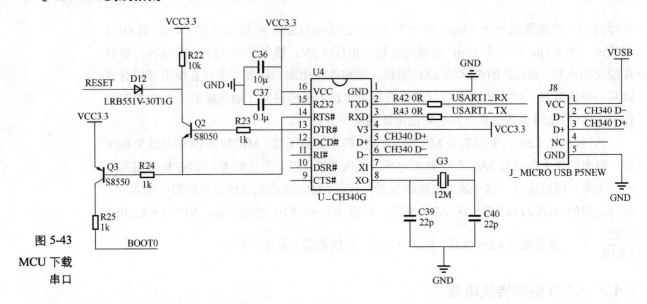

图 5-43
MCU 下载
串口

## 2. 无线子板下载串口

从原理图（图 5-44 和图 5-45）来看，无线子板的 USB 转串口电路比 MCU 的 USB 转串口电路设计更为简单，因为该电路不需要控制 BOOT 脚。同 MCU 的 USB 转串口电路有相同的作用，本电路也是在 TXD 留了电阻或二极管的位置来防止 CH340G 中的电流回流至物联网模组中。根据 CH340G 的数据手册，我们在其外面加了晶振电路及其他外围电路。

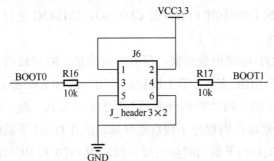

图 5-44
BOOT 电路

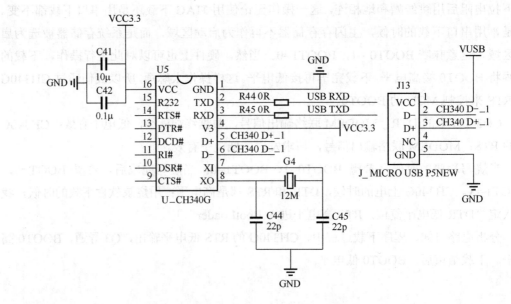

图 5-45
无线子板下载
串口

### 5.4.3　485 收发部分

485 收发电路使用的芯片是 SP3485。SP3485 是一款低功耗工业级的半双工收发器，完全满足 RS-485 串行协议的要求。

从图 5-46 所示 485 收发电路原理图来看，在 A 线上加了一个 4.7k 的上拉偏置电阻；在 B 线上加了一个 4.7k 的下拉偏置电阻；中间的 R31 是匹配电阻，根据传输线的情况，选择 120Ω。RS-485 标准定义信号阈值的上下限为 ±200mV。即当 A−B>200mV 时，总线状态应表示为 "1"；当 A−B<−200mV 时，总线状态应表示为 "0"。当 A−B 在 ±200mV 之间时，总线状态为不确定，所以在 A、B 线上面设上、下拉电阻，以尽量避免这种不确定状态。

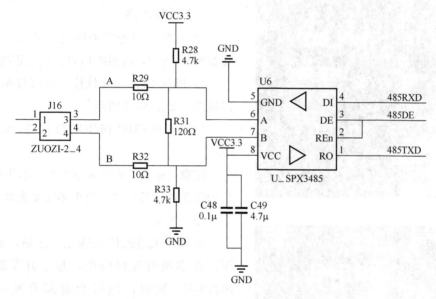

图 5-46

485 收发电路

### 5.4.4　其他需要注意的电路部分

1）I2C 电路需要加上拉电阻。

2）蜂鸣器与二极管并联是为了给蜂鸣器一个电流回路。

## 5.5　工具包使用说明

拿到开发板后，首先检查一下配件是否齐全。本开发板包含：

- 主板一块。
- NB-IoT 子板一块。
- 温湿度传感器一块。

- 光敏传感器一块。
- OLED 显示屏一块。
- 5V 电源适配线一根。
- 杜邦线数根。
- 跳帽几对。
- 下载线一条。
- 天线一根。

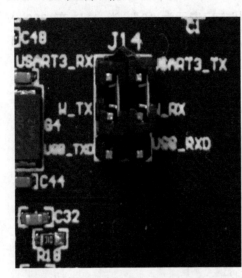

图 5-47
出厂设置 CH0
中无线模组串
口与 MCU 串
口相连

图 5-48
出厂设置
BOOT 和
BOOT1 接地

## 5.5.1　通用用法

**注意：**不要带电拔插任何子板和下载线。

（1）连接电路

1）选择一块无线子板进行安装，本例安装 M5310 子板。按照接口对应关系正确安装。

2）确认 CH0 中无线模组串口与 MCU 串口相连，如图 5-47 所示。

3）确认 BOOT0 和 BOOT1 接地，如图 5-48所示。

**注意：**第 2）步和第 3）步，本开发板出厂已设置好，用户初次使用不需要更改。

（2）上电

在确认电路连接正确无误之后，连上电源适配器给开发板供电，按下开发板上的 BUTTON 按键，这时会看到开发板上方 POWER 电源指示灯（3.3V 电源指示灯）亮起，代表电源正常工作。

（3）下载

安装 KEIL5 软件进行 STM32 的正常程序编写。完成编程后，打开 Mayfly.exe 程序下载软件（图 5-49），搜索串口后下载程序观察开发板是否正常工作。本开发板提供 LED 测试程序。

更多开发套件操作细节见后面章节。

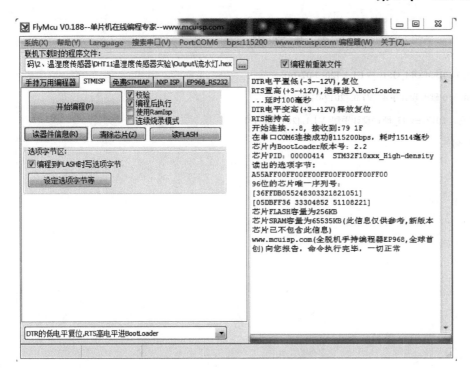

图 5-49

Mayfly.exe 程序下载软件

## 5.5.2　高阶用法

（1）使用一种传感器

本开发板配备了两种传感器和一块 OLED 显示屏，如果使用其中一种，只需要按照相应管脚接口安装即可。上电与下载步骤同"通用用法"。

（2）多种传感器同时使用

如果用户使用全部外设小板，按照管脚对应接口安装即可。本开发板接受所有外设同时使用。上电与下载步骤同"通用用法"。

**注意**：一定要按照管脚对应接口安装，认清传感器的具体位置，切不可盲目乱插！

# 本章小结

本章主要介绍了 NB-IoT 工具包硬件的组成部分、部分硬件电路设计及使用步骤和注意事项。本套工具包硬件是基于 STM32F103VCT6 芯片研发的一款高性能物联网开发套件，优势是可更换物联模组，大大缩短了产品的研发周期，也为用户提供了更多的学习选择。本章介绍的几个硬件电路可以帮助用户更好地理解开发板，使用开发板。

开发板的正确使用步骤是：确认好要用的通信子板并安装好，再上电；上电的时候注意一定要使用本开发套件的电源适配器。

# 参 考 文 献

广和通无线股份有限公司，2016. FIBOCOM_G510_V1.1.4. [2016-07-14].

中移物联网有限公司，2017. M5310 硬件设计手册_V1.0. [2017-04-05].

上海移远通信技术股份有限公司，2017. BC95_硬件设计手册_V1.1. [2017-06-15].

ST. STM32F103VCT. [2011-04-09].

# 第 6 章　NB-IoT 终端实战手册

## 实战 6.1　实战准备

### 1. 前言

通过前面几章的学习，用户对 NB-IoT 的关键技术与体系架构以及应用组件有了较为详细的了解。在本章中，我们将结合开发工具包进入实战环节，学习 NB-IoT 模组的操作方法与入网流程，熟悉 NB-IoT 终端中微处理器的使用与开发。本章一共包含 5 节内容。第一节是准备章节，介绍了实战学习过程中开发环境的要求和配置方法；第二节是跑马灯的练习，介绍了终端 MCU 的基本开发步骤；第三节是关于异步串行通信接口的内容，展示了终端与计算机进行通信的方法与工具；第四节介绍了模组 AT 指令集与模组入网的流程；第五节在前四节的基础上进行了进一步的提升，介绍了华为 Lite OS 操作系统的移植方法。因此，本章由浅入深地介绍了 NB-IoT 终端的开发技术，为用户开发个性化的物联网应用打下了基础。

### 2. 开发环境准备

在进行 NB-IoT 终端开发之前，首先要配置好开发环境。本章以 MDK 软件为集成开发环境。读者可在 http://www2.keil.com/mdk5 上获取该软件的安装包，然后按下列步骤完成安装。

（1）MDK 安装

以管理员身份运行安装文件，如图 6-1 所示。

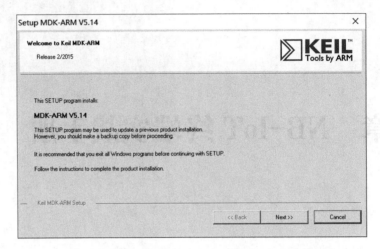

图 6-1
MDK 安装第
一步

单击 Next 按钮，进入下一步，选择 I agree to all the terms of the preceding License Agreement 复选框。单击 Next 按钮，进入下一步，如图 6-2 所示。

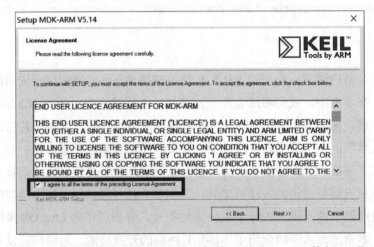

图 6-2
MDK 安装第
二步

选择安装路径，注意路径中不要包含中文字符。单击 Next 按钮，进入下一步，如图 6-3 所示。

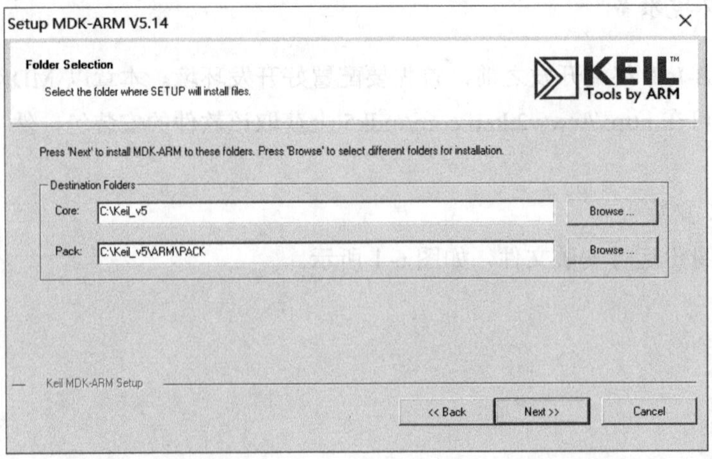

图 6-3
MDK 安装第
三步

填写用户信息，可根据实际情况调整填写内容。单击 Next 按钮，进入下一步，如图 6-4 所示。

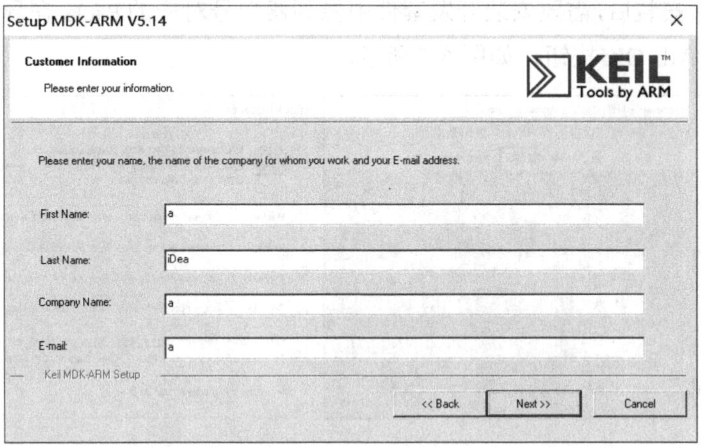

图 6-4
MDK 安装第
四步

进入安装步骤，等待安装完成，如图 6-5 所示。

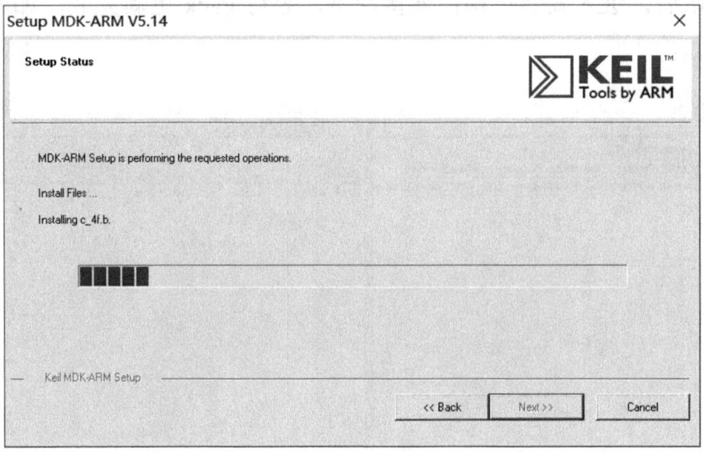

图 6-5
MDK 安装第
五步

单击 Finish 按钮，完成安装，如图 6-6 所示。

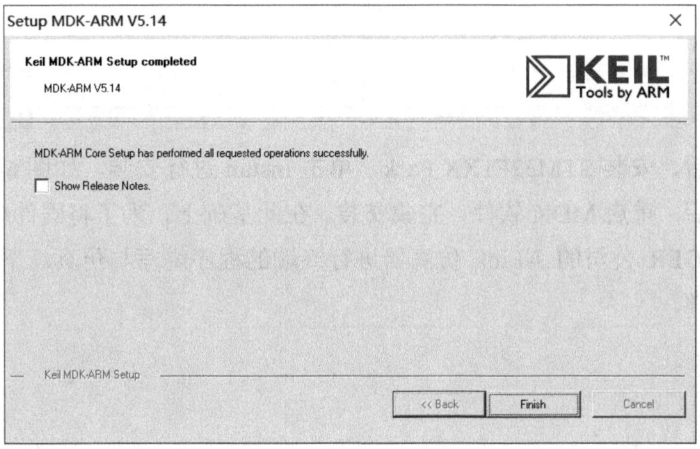

图 6-6
MDK 安装第
六步

激活 MDK，导入 License；激活 MDK 后便可以使用了。

（2）Pack 安装

完成 MDK 的安装后，需要安装开发套件中控制器型号对应的 Pack。在导航栏打开 Pack 安装界面，然后单击 OK 按钮，如图 6-7 所示。

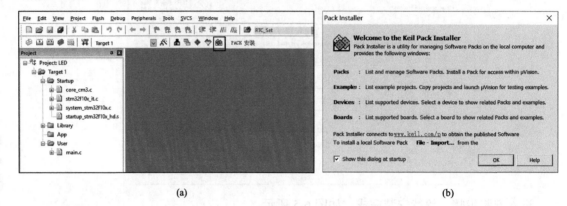

(a)　　　　　　　　　　　　　　　(b)

图 6-7
Pack 安装第
一步

单击 OK 按钮后，进入安装过程；连接网络，等待 Pack 更新完成，如图 6-8 所示。

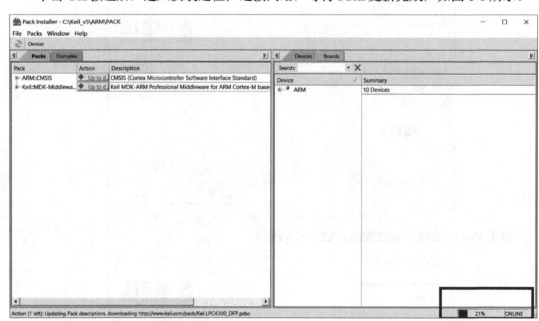

图 6-8
Pack 安装第
二步

更新完成后，安装 STM32F1XX Pack，单击 Install 进行安装，如图 6-9 所示。

安装成功后，重启 MDK 软件，完成安装。在此基础上，为了将固件烧录到终端上，我们选用 SEGGER 公司的 J-Link 仿真器进行终端的程序烧写与仿真。下面介绍 J-Link 驱动的安装步骤。

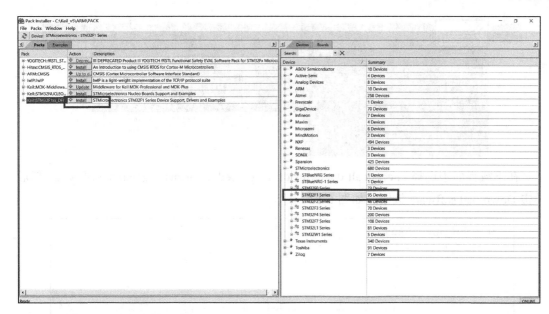

图 6-9
Pack 安装第三步

（3）J-Link 驱动软件下载

首先进入 SEGGER 公司的主页 https://www.segger.com/，然后选择 Download，在下拉窗口中选择 J-Link，如图 6-10 所示。

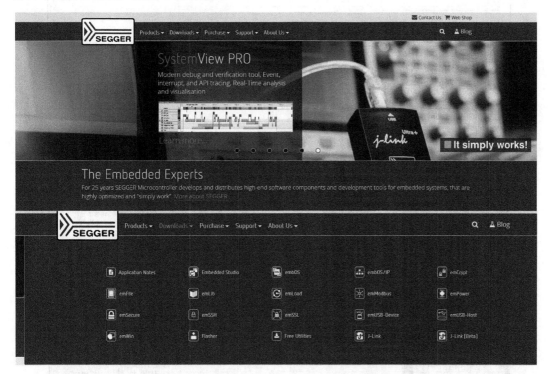

图 6-10
SEGGER 公司
J-Link 驱动下载
页面

然后找到下载文件，单击 DOWNLOAD 按钮，进入下载界面，如图 6-11 所示。

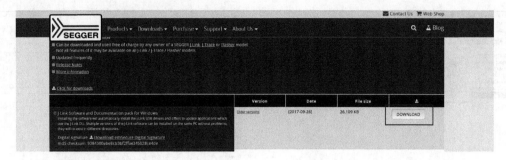

图 6-11
文件版本选择

在下载界面中选择 I accept all the terms of the preceding license agreement 复选框，然后单击 Download software 按钮，如图 6-12 所示。

图 6-12
J-Link 驱动下载

（4）J-Link 驱动软件安装

打开下载好的 J-Link 驱动程序，单击 Next 按钮，如图 6-13 所示。

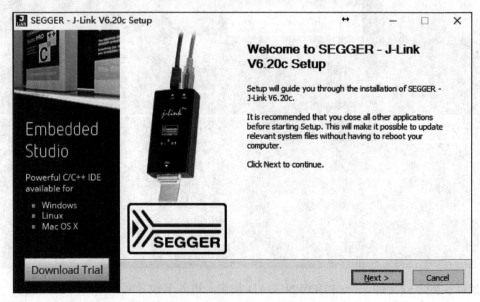

图 6-13
驱动安装页面

单击 I Agree 按钮，同意 License Agreement，如图 6-14 所示。

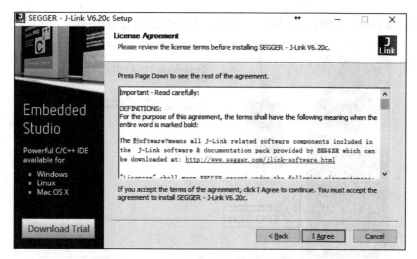

图 6-14
接受认证信息

选择 Install USB Driver for J-Link 复选框，然后单击 Next 按钮，如图 6-15 所示。

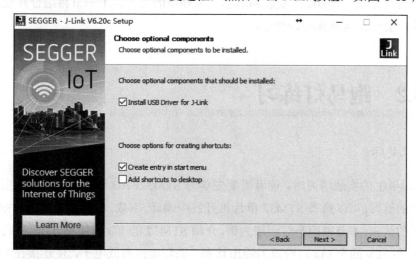

图 6-15
安装驱动

选择合适的安装路径，如图 6-16 所示。注意路径中不要包含中文。

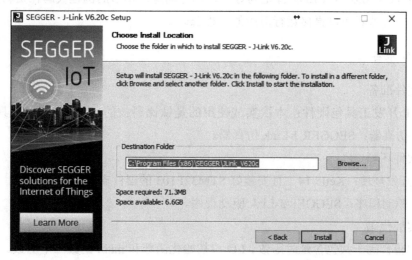

图 6-16
选择安装路径

单击 Finish 按钮，如图 6-17 所示。至此，J-Link 驱动安装完成。

图 6-17
安装完成

至此，已经完成了 MDK 的安装和基本开发环境的配置。下一节将结合开发工具进行具体的实战，会更加满足你的好奇心。

# 实战 6.2　跑马灯练习

### 1．实战目标

进行 NB-IoT 的实战练习时，读者需要先学习 STM32F103 单片机的基本开发步骤。读者通过本节的练习，可以熟悉 STM32 单片机开发中编译、下载、仿真的方法，同时对 STM32 编程有清晰的认识。本节以跑马灯程序为例，介绍 STM32 的 I/O 口使用方法。我们将 PA12、PA11、PA8 和 PC9 四个 I/O 口设置为输出状态，循环输出高低电平，使连接在 I/O 口上的 LED0、LED1、LED2 和 LED3 像跑马灯一样循环闪烁。本节的例程代码在资料文件包对应的文件夹中，读者可以直接运行对应的工程源码。

### 2．前期准备

（1）硬件准备

NB-IoT 开发工具包硬件：本次实战使用的是钛比科技的 NB IoT 开发工具包。

J-Link 仿真器：SEGGER J-Link 仿真器。

（2）软件环境

MDK 开发环境：Keil5.14，且安装好 STM32F103 的器件支持包。

J-Link 驱动程序：SEGGER J-Link 驱动程序。

（3）实战代码

本次实验代码一共包含延时函数、I/O 口初始化函数和 main 函数三个函数。文件首先需要包含 stm32f10x_gpio.h 与 stm32f10x_rcc.h 这两个头文件。stm32f10x_gpio.h 文件中提
供了 I/O 口操作的相关 API，stm32f10x_rcc.h 文件中提供了系统时钟设置的相关 API。延
时函数的功能是让控制器处于等待状态，保持 I/O 口的输出状态不变。I/O 口初始化函数
为 void LedInit(void)。通过 I/O 口初始化函数完成 I/O 口输出状态与时钟的配置。完整代
码如图 6-18 所示。

```c
#include "stm32f10x_gpio.h"
#include "stm32f10x_rcc.h"
void delay(int t)                           // 延时函数
{
    int i=0;
    while(t--)
    {
        for(i=0;i<3600;i++)
        __nop();
    }
}
void LedInit(void)                          // MCU 连接 LED 的 I/O 初始化
{
    GPIO_InitTypeDef    GPIO_InitStructure;
    RCC_APB2PeriphClockCmd(RCC_APB2Periph_GPIOA, ENABLE);
    GPIO_InitStructure.GPIO_Pin = GPIO_Pin_8|GPIO_Pin_11|GPIO_Pin_12;
    GPIO_InitStructure.GPIO_Mode = GPIO_Mode_Out_PP;
    GPIO_InitStructure.GPIO_Speed = GPIO_Speed_50MHz;
    GPIO_Init(GPIOA, &GPIO_InitStructure);
    GPIO_SetBits(GPIOA,GPIO_Pin_8|GPIO_Pin_11|GPIO_Pin_12);
    RCC_APB2PeriphClockCmd(RCC_APB2Periph_GPIOC, ENABLE);
    GPIO_InitStructure.GPIO_Pin = GPIO_Pin_9;
    GPIO_InitStructure.GPIO_Mode = GPIO_Mode_Out_PP;
    GPIO_InitStructure.GPIO_Speed = GPIO_Speed_50MHz;
    GPIO_Init(GPIOC, &GPIO_InitStructure);
    GPIO_SetBits(GPIOC,GPIO_Pin_9);
}
int main()                                  // 主函数
{
    LedInit();
    while(1)
    {
        GPIO_ResetBits(GPIOA,GPIO_Pin_12);
        delay(500);
        GPIO_SetBits(GPIOA,GPIO_Pin_12);
        delay(500);
        GPIO_ResetBits(GPIOA,GPIO_Pin_11);
```

图 6-18
LED 工程代码

```
                delay(500);
                GPIO_SetBits(GPIOA,GPIO_Pin_11);
                delay(500);
                GPIO_ResetBits(GPIOA,GPIO_Pin_8);
                delay(500);
                GPIO_SetBits(GPIOA,GPIO_Pin_8);
                delay(500);
                GPIO_ResetBits(GPIOC,GPIO_Pin_9);
                delay(500);
                GPIO_SetBits(GPIOC,GPIO_Pin_9);
                delay(500);
            }
        }
```

图 6-18
（续）

跑马灯工程参见本书资料文件包中的"跑马灯"文件夹。

### 3．实战步骤

（1）步骤 1：新建 MDK 工程

打开 MDK 软件，选择 Project→New uVision Project 命令，然后选择工程保存路径及工程名。在弹出的器件型号选择对话框中选择 ST 公司的 STM32F103VC，接着单击 OK 按钮，如图 6-19 所示。在后面弹出的窗口中单击 OK 按钮。

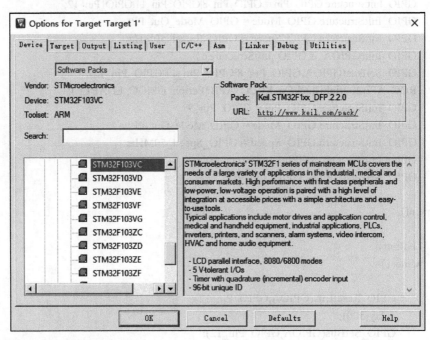

图 6-19
新建工程

（2）步骤 2：配置 MDK 工程

在工程所在文件夹中新建 4 个文件夹，分别为 Startup、Library、User 和 App。然后将文件资料中对应目录下相同名字的文件夹中的文件复制到新建的文件夹中。回到工程界面，用右键单击导航栏中的 Target 1，在弹出的快捷菜单中选择 Add Group 命令，如图 6-20 所示，新建 Startup、Library、User 和 App 四个 Group。然后用鼠标右键单击相应的 Group，在弹出的快捷菜单中选择 Add Existing Files to Group 命令。再将对应名称文件夹中的所有文件全部导入至对应的 Group 中，如图 6-21 所示。

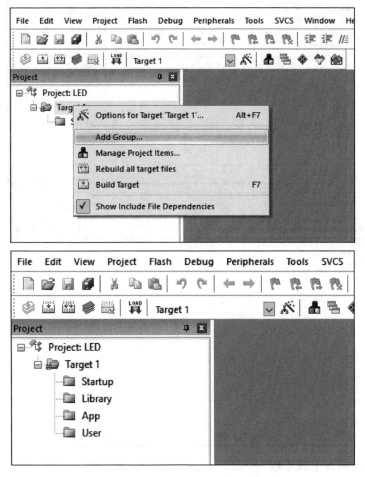

图 6-20
添加 Group

图 6-21
添加文件

（3）步骤 3：添加宏定义与文件引用路径

文件导入完成后，需要在工程中添加宏定义与引用头文件的路径。用鼠标右键单击 Target 1，在弹出的快捷菜单中选择 Options for Target 命令。选择 C/C++选项卡，在 Define 文本框中输入 STM32F10X_HD，USE_STDPERIPH_DRIVER。指定控制器类型为 STM32F10X_HD 和所使用的库文件类型为标准库。然后单击 Include Paths 添加路径按钮，如图 6-22 所示。单击 New 按钮，然后分别选择工程目录下的 Startup、Library、User 和 App 四个文件夹，如图 6-23 所示。

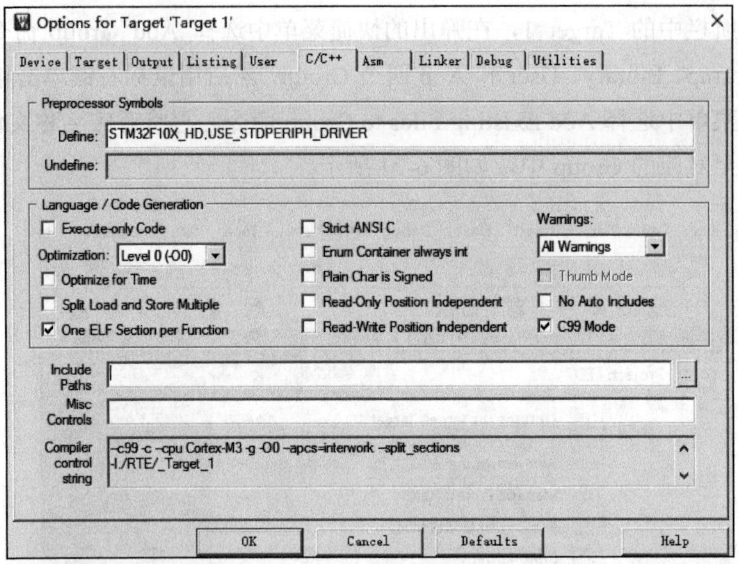

图 6-22
添加宏定义

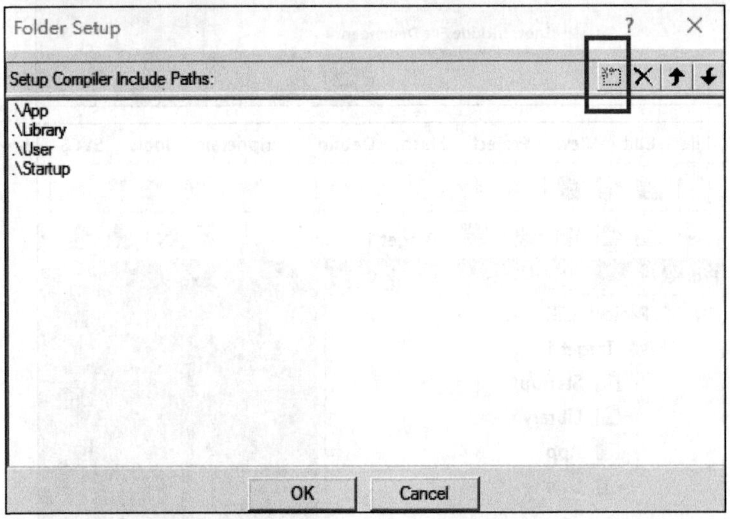

图 6-23
添加路径

（4）步骤4：编译下载工程

通过以上步骤已经建立了完整的工程，在此基础上还需要对工程编译。在工程界面选择 Project->Build Target 命令，工程编译通过，如图 6-24 所示。

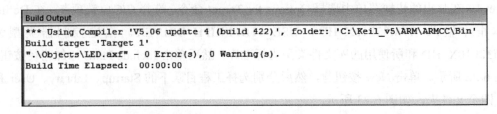

图 6-24
编译成功

要实现开发板上 LED 灯的循环点亮，还需要将程序下载到开发板中运行。将 J-Link 连接至计算机，使其 DEBUG 端口与开发板上对应的插座相连，如图 6-25 所示。

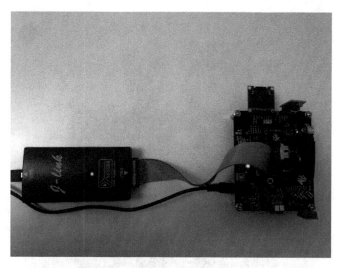

图 6-25

开发板连接

　　然后在工程界面用鼠标右键单击 Target1，在弹出的快捷菜单中选择 Options for Target 命令。选择 Debug 选项卡，选择右侧的 Use 单选按钮并选择 J-LINK/J-TRACE Cortex 选项，单击 OK 按钮，如图 6-26 所示。

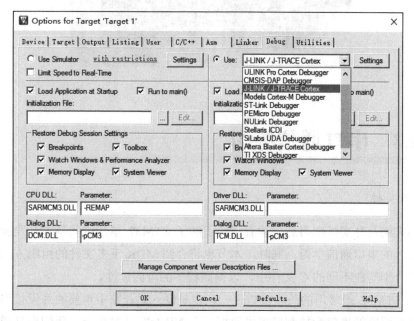

图 6-26

连接下载器为 J-Link

　　回到工程界面，选择 Flash→Download 命令，程序被成功下载到开发板中。下载完成后，按下复位按键，LED 灯开始循环点亮，如图 6-27 所示。

　　此时已经成功点亮了开发板上的 LED 灯，可能在编写程序的时候读者遇到了各种疑难杂症，但至此都被成功解决了。如果想了解更多，读者还可以加入开发板技术交流社区，那里有最新的资料和不少志同道合的朋友。

图 6-27
LED 灯循环闪烁

# 实战 6.3　串口通信练习

### 1．实战目标

在学习完跑马灯实战练习后，读者已经了解了 STM32 单片机的基本开发步骤。本节将进行更深入的串口通信学习。同时，本节也将介绍 MDK 下多文件的组织方式，将不同类型的函数分别写在不同的 C 文件中，以提高程序的可阅读性。

串口是 STM32 最常用的外设接口之一，也是嵌入式开发中重要的外设接口。许多传感器模块都以标准的串口为控制器提供数据。在 NB-IoT 开发板上，我们也是通过串口实现 NB-IoT 模组与 STM32 控制器的信息交互与系统状态的打印功能。通过本节的学习，熟悉串口的操作，为 NB-IoT 模组的使用做好准备。在本节的串口通信实验中，我们将进行 STM32 串口功能的配置，并实现串口发送与接收。实验中 STM32 接收计算机端上位机下发的数据，再将数据发送至计算机的上位机，显示在计算机屏幕上。

## 2．前期准备

（1）硬件准备

NB-IoT 开发工具包硬件：本次实战使用的是钛比科技的 NB-IoT 开发工具包。

J-Link 仿真器：SEGGER J-Link 仿真器。

（2）软件环境

MDK 开发环境：Keil5.14，且安装好 STM32F103 的器件支持包。

J-Link 驱动程序：SEGGER J-Link 驱动程序。

串口调试助手：serial_port_utility。

串口驱动程序安装：安装工具包中串口驱动软件，驱动软件为 ch341_driver.exe，软件包含在文件资料包中。

（3）实战代码

本次实验代码包含延时函数、串口初始化函数、串口发送函数、串口接收中断函数和 main 函数。工程一共包含 3 个文件，将不同的函数组织在不同的文件中。在 main.c 文件中调用串口配置的相关函数，并将串口接收到的数据打印在串口助手上位机上。函数代码如图 6-28 所示。

```c
/** @file      main.c       **/
#include "usart.h"
#include "delay.h"
#include "string.h"
int main()                              //主函数
{
    delayInit();
    NVIC_PriorityGroupConfig(NVIC_PriorityGroup_2);
    Usart1Init(9600);
    while(1)
    {
        print("Receive data:");
        print(USART1_RX_BUF);
        print("\r\n");
        usart1_rcv_len=0;
        memset(USART1_RX_BUF, 0,500);
        delayMs(5000);
    }
}
```

图 6-28
main 函数

在 usart.c 文件中对串口操作的函数进行定义。函数代码如图 6-29 所示。

```
/** @file      usart.c      **/
#include "usart.h"
#include "string.h"
u8 USART1_RX_BUF[USART1_REC_LEN];
u16 USART1_RX_STA=0;
void UsartInit(u32 bound)                //串口初始化函数
{
    GPIO_InitTypeDef GPIO_InitStructure;
    USART_InitTypeDef USART_InitStructure;
    NVIC_InitTypeDef NVIC_InitStructure;
    RCC_APB2PeriphClockCmd(RCC_APB2Periph_USART1|
                            RCC_APB2Periph_GPIOA|
                            RCC_APB2Periph_AFIO, ENABLE);
    GPIO_InitStructure.GPIO_Pin = GPIO_Pin_9;
    GPIO_InitStructure.GPIO_Speed = GPIO_Speed_50MHz;
    GPIO_InitStructure.GPIO_Mode = GPIO_Mode_AF_PP;
    GPIO_Init(GPIOA, &GPIO_InitStructure);
    GPIO_InitStructure.GPIO_Pin = GPIO_Pin_10;
    GPIO_InitStructure.GPIO_Mode = GPIO_Mode_IN_FLOATING;
    GPIO_Init(GPIOA, &GPIO_InitStructure);
    NVIC_InitStructure.NVIC_IRQChannel = USART1_IRQn;
    NVIC_InitStructure.NVIC_IRQChannelPreemptionPriority=0;
    NVIC_InitStructure.NVIC_IRQChannelSubPriority = 3;
    NVIC_InitStructure.NVIC_IRQChannelCmd = ENABLE;
    NVIC_Init(&NVIC_InitStructure);
    USART_InitStructure.USART_BaudRate = bound;
    USART_InitStructure.USART_WordLength = USART_WordLength_8b;
    USART_InitStructure.USART_StopBits = USART_StopBits_1;
    USART_InitStructure.USART_Parity = USART_Parity_No;
    USART_InitStructure.USART_HardwareFlowControl   =
    USART_HardwareFlowControl_None;
    USART_InitStructure.USART_Mode = USART_Mode_Rx | USART_Mode_Tx;
    USART_Init(USART1, &USART_InitStructure);
    USART_ITConfig(USART1, USART_IT_RXNE, ENABLE);
    USART_Cmd(USART1, ENABLE);
}
volatile u16 usart1_rcv_len = 0;
void USART1_IRQHandler(void)                //串口接收中断函数
{
    u8 data;
    if(USART_GetITStatus(USART1, USART_IT_RXNE) != RESET)
    {
        data=USART_ReceiveData(USART1);//(USART1->DR);
        USART1_RX_BUF[usart1_rcv_len++] = data;
        if (usart1_rcv_len >= 500){ usart1_rcv_len = 0;}
    }
```

图 6-29
usart 函数定义

```
    }
    volatile u16 usart2_rcv_len = 0;
    void print(u8 * str)                           //串口输出函数
    {
        while ((*str)!=0)
        {
            while ((USART1->SR & 0X40) == 0);
            USART1->DR = (*str);
            str++;
        }
    }
```

图 6-29

（续）

在 usart.h 文件中对串口操作的函数进行声明。函数代码如图 6-30 所示。

```
/** @file      usart.h      **/
#ifndef  _ _USART_H_
#define  _ _USART_H_
#include "stm32f10x_usart.h"

#define USART1_REC_LEN                500
extern u8 USART1_RX_BUF[500];
extern int USART1_LEN;
extern void UsartInit(u32 bound);
extern void print(u8 *str);
extern volatile u16 usart1_rcv_len;
#endif
```

图 6-30

usart 函数声明

与上一节不同，我们将延时函数写在 delay.c 文件中，并在 delay.h 文件中声明。延时
函数在 delay.c 文件中实现如图 6-31 所示。

```
/** @file      delay.c      **/
#include "delay.h"
static u8   fac_us=0;
static u16 fac_ms=0;
void delayInit()                          //延时初始化函数
{
    SysTick_CLKSourceConfig(SysTick_CLKSource_HCLK_Div8);
    fac_us=SystemCoreClock/8000000;
    fac_ms=(u16)fac_us*1000;
}
void delayUs(u32 nus)                     //微秒延时函数
{
    u32 temp;
    SysTick->LOAD=nus*fac_us;
    SysTick->VAL=0x00;
    SysTick->CTRL|=SysTick_CTRL_ENABLE_Msk ;
```

图 6-31

delay 函数定义

```
                 do
                 {
                     temp=SysTick->CTRL;
                 }while((temp&0x01)&&!(temp&(1<<16)));
                 SysTick->CTRL&=~SysTick_CTRL_ENABLE_Msk;
                 SysTick->VAL =0X00;
             }
             void delayXms(u16 nms)                          //毫秒延时函数
             {
                 u32 temp;
                 SysTick->LOAD=(u32)nms*fac_ms;
                 SysTick->VAL =0x00;
                 SysTick->CTRL|=SysTick_CTRL_ENABLE_Msk ;
                 do
                 {
                     temp=SysTick->CTRL;
                 }
                 while((temp&0x01)&&!(temp&(1<<16)));
                 SysTick->CTRL&=~SysTick_CTRL_ENABLE_Msk;
                 SysTick->VAL =0X00;

             }
             void delayMs(u16 nms)                            //毫秒延时函数
             {
                 u8 repeat=nms/540;
                 u16 remain=nms%540;
                 while(repeat)
                 {
                     delayXms(540);
                     repeat--;
                 }
                 if(remain)delayXms(remain);
             }
```

图 6-31
（续）

在 delay.h 文件中声明如图 6-32 所示。

```
/** @file      delay.h      **/
#ifndef _ _DELAY_H
#define _ _DELAY_H
#include "stm32f10x_rcc.h"
void delayInit(void);
void delayMs(u16 nms);
void delayUs(u32 nus);
#endif
```

图 6-32
delay 函数声明

串口工程参见本书文件资料中的"串口通信"文件夹。

### 3. 实战步骤

（1）步骤 1：新建 MDK 工程

打开 MDK 软件，选择 Project→New uVision Project 命令，然后选择工程保存路径及工程名。在弹出的器件型号选择对话框中选择 ST 公司的 STM32F103VC，接着单击 OK 按钮，如图 6-33 所示。在后面弹出的窗口中单击 OK 按钮。

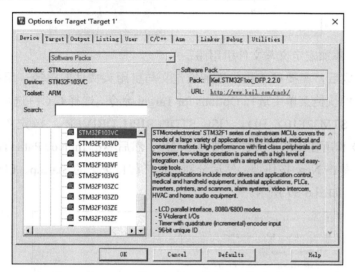

图 6-33
新建工程

（2）步骤 2：配置 MDK 工程

在工程所在文件夹中新建 4 个文件夹，分别为 Startup、Library、User 和 App。然后将文件资料中对应目录下相同名字的文件夹中的文件复制到新建的文件夹中。回到工程界面，用右键单击导航栏中的 Target 1，在弹出的快捷菜单中选择 Add Group 命令，如图 6-34 所示。新建 Startup、Library、User 和 App 四个 Group。然后用鼠标右键单击相应的 Group，在弹出的快捷菜单中选择 Add Existing Files to Group 命令。再将对应名称文件夹中的所有文件全部导入至对应 Group 中，如图 6-35 所示。

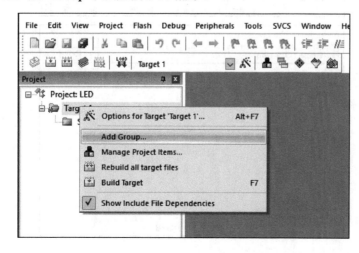

图 6-34
添加 Group

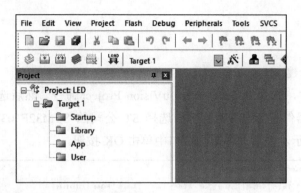

图 6-35
添加文件

（3）步骤 3：添加宏定义与文件引用路径

文件导入完成后，需要在工程中添加宏定义与引用头文件的路径。用鼠标右键单击 Target 1，在弹出的快捷菜单中选择 Options for Target 命令。选择 C/C++选项卡，在 Define 文本框中输入 STM32F10X_HD，USE_STDPERIPH_DRIVER。指定控制器类型为 STM32F10X_HD 和所使用的库文件类型为标准库。然后单击 Include Paths 添加路径按钮，如图 6-36 所示。单击 New 按钮 📄，然后分别选择工程目录下的 Startup、Library、User 和 App 四个文件夹，如图 6-37 所示。

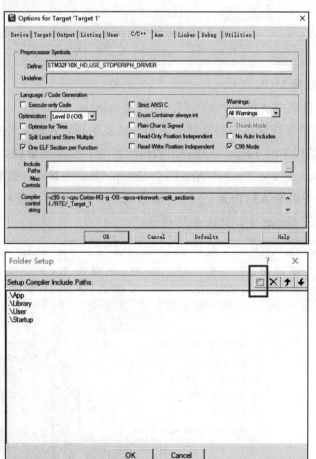

图 6-36
添加宏定义

图 6-37
添加路径

（4）步骤 4：编译下载工程

通过以上步骤已经建立了完整的工程，在此基础上还需要对工程进行编译。在工程界面选择 Project→Build Target 命令，工程编译通过，如图 6-38 所示。

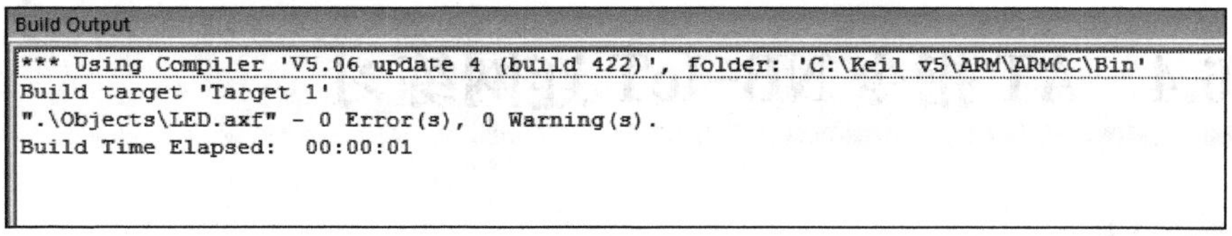

```
Build Output

*** Using Compiler 'V5.06 update 4 (build 422)', folder: 'C:\Keil v5\ARM\ARMCC\Bin'
Build target 'Target 1'
".\Objects\LED.axf" - 0 Error(s), 0 Warning(s).
Build Time Elapsed:  00:00:01
```

图 6-38
编译通过

用 USB 线将开发板的 MCU_USB 接口连接至计算机，如图 6-39 所示。

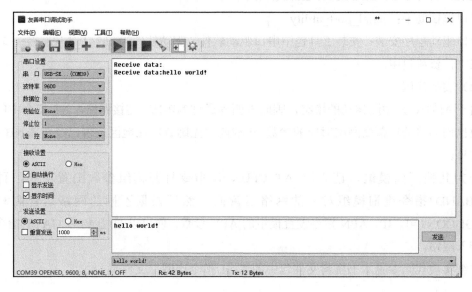

图 6-39
连接 USB 线

程序开始运行后，打开 serial_port_utility 串口调试助手。设置波特率为 9600，单击开始按键。可以在串口助手上看到终端打印的"Receive data:"，在串口助手下方的输入文本框中输入"hello world!"后，可以看到输入的内容被打印在串口助手的窗口中，如图 6-40 所示。如果出现窗口中没有打印信息的情况，请检查串口线是否连接正常。

图 6-40
串口助手收发

我们已经掌握了控制器与 PC 通信最常用接口的使用方法，在下一节将介绍控制器与模组的通信，对串口指令进行更深入的学习。

# 实战 6.4　AT 指令 NB-IoT 连网练习

## 1．实战目标

经过前两个实战项目的练习，我们已经掌握了 STM32 单片机的基本开发步骤和串口通信实现。本节我们需要学习 STM32 单片机控制 NB-IoT 模组连网并进行收据收发的操作。常用的 NB-IoT 模组如移远 BC95、移动 M5310，都是通过发送 AT 指令来实现网络连接和数据通信的。在本次实战使用的 NB-IoT 开发板上，NB-IoT 模组与 STM32 控制器通过串口实现通信，我们将连网过程中要发送的 AT 指令写入控制器程序中，由 STM32 控制器通过串口控制 M5310 模组注册网络，并在此基础上向目标 UDP 地址发送 UDP 数据。

## 2．前期准备

（1）硬件准备

NB-IoT 开发工具包硬件：本次实战使用的是钛比科技的 NB 开发工具包。

J-Link 仿真器：SEGGER J-Link 仿真器。

物联卡：例程对应的是中国移动物联卡。

（2）软件环境

MDK 开发环境：Keil5.14，且安装好 STM32F103 的器件支持包。

J-Link 驱动程序：SEGGER J-Link 驱动程序。

串口调试助手：serial_port_utility。

串口驱动程序安装：安装工具包中串口驱动软件，驱动软件为 ch341_driver.exe，软件包含在文件资料包中。

（3）实战代码

由于 M5310 为中国移动的模组，因此本例程通过 NB-IoT 连接网络，AT 指令中的相关参数也均为移动运营商网络对应的参数。实战前请先确认所在地区是否已经覆盖 NB-IoT 网络信号。

若为其他厂商模组，请先用 AT+CFUN=1 指令打开模组参数配置功能，再用 AT+NBAND?指令查询模组对应的网络运营商，然后根据不同的网络运营商利用 AT+CGDCONT=1、IP、APN 指令设置模组的 APN 参数，便可以通过 AT+CGATT 指令使模组接入网络。

详细实现代码参见本书资料文件包中的"AT 指令连网"文件夹。

### 3．实战步骤

经过前两个实战项目的练习，大家已经掌握了新建和配置 MDK 工程的流程，此处我们直接编译下载本书资料文件包中的"AT 指令连网"例程。

（1）硬件接线与开机

首先在开发板上插好 M5310 模组，并安装好天线和物联卡，如图 6-41 所示。

然后将开发板接上电源线后打开电源开关通电，再通过串口线将开发板上的 MCU USB 串口连接到计算机串口。此时打开计算机的设备管理器，可以看到端口列表中多了一项 CH340，如图 6-42 所示，说明串口驱动成功，计算机已经成功地识别到设备。

图 6-41
模组连接

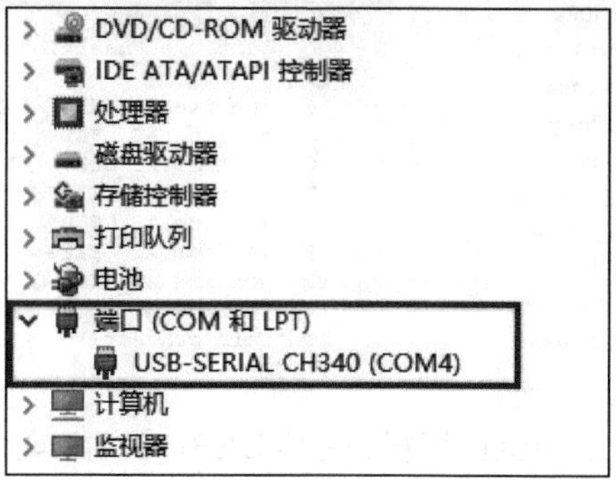

图 6-42
计算机的端口
列表

（2）确认连网相关参数

MCU 控制 M5310 模组，通过 AT 指令入网并发送 UDP 数据的流程如下。编译工程前，请根据下述程序内容修改例程里 nb.c 文件中的相关参数。

```
AT                              //开机之后循环发送AT直到返回OK，证明模块初
                                  始化正常
AT+COPS=1,2,"46000"             //设置手动注册移动运营商MNC
AT+NEARFCN=0, 3555             //锁定频点为3555
AT+CSCON=1                      //打开信号提示自动上报
AT+CEREG=2                      //打开注册信息自动上报
```

```
AT+CGDCONT?                          //查询当前 APN
AT+NSOCR="DGRAM",17,xxxx(端口号),1
//创建本地 UDP 监听端口,开启数据到达自动上报 (具体端口号可任意设置)
AT+NSOST=0,xxx.xxx.xxx.xxx(目的 UDP 地址),xxxx(端口号),5,68656C6C6F
//向目的 UDP 地址发送数据,此处发送的数据为 68656C6C6F,可根据需要自行修改
```

**注意:**

①NB 通信模块现增加了扰码(Scrambling)控制功能。若模块开启扰码功能,此时基站也需要开启扰码功能,否则模块会搜不到信号,无法连接基站;若模块关闭扰码功能,此时基站也需关闭。

模块上该功能的开启和关闭状态可通过 AT+NCONFIG?指令查询,通过指令 AT+NCONFIG=CR_0354_0338_SCRAMBLING,FALSE/TRUE 重设。一般默认基站扰码功能为关闭,具体情况可询问当地移动公司。

②需要确认入网状态为已注册才能进行后续数据收发操作,目前测试开机注册时间范围为 20～120s。

(3)编译下载工程

打开实战例程"AT 指令连网"的工程文件,单击"Build"按钮编译,如图 6-43 所示。

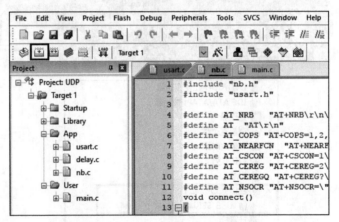

图 6-43
编译工程

编译通过后,将 J-Link 连接至计算机,使其 DEBUG 端口与开发板上对应的插座相连,如图 6-44 所示。

图 6-44
J-Link 与开发
板连接

然后在工程界面用鼠标右键单击 Target 1,在弹出的快捷菜单中选择 Options for Target 命令。选择 Debug 选项卡,选择 Use 单选按钮并选择 J-LINK/J-TRACE Cortex,单击 OK 按钮,如图 6-45 所示。

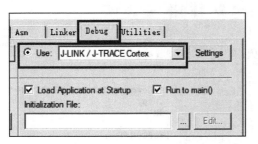

图 6-45
设置下载器为
J-Link

回到工程界面,选择 Flash→Download 命令,程序被成功下载到开发板中。下载完成后,按下复位按键,程序即开始运行。

(4)串口调试

打开 serial_port_utility 串口调试助手,查看开发板发送的 AT 指令与指令的返回信息。设置波特率为 9600,数据位为 8,停止位为 1,校验位和流控位为 None,接收设置为 ASCII,单击开始按键。

### 4. 实战成果

等待程序运行一段时间后,观察串口调试助手软件窗口的信息,可以发现开发板通过串口不断打印出"running""sending hello to service"等信息,如图 6-46 所示,说明开发板已经成功连接到网络,并成功发送了 UDP 数据包。

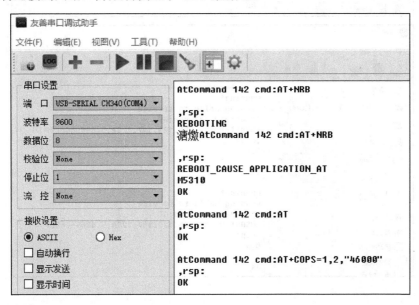

图 6-46
成功后的串口
助手打印信息

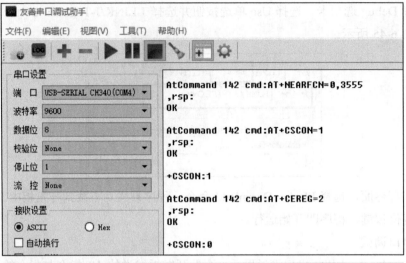

图 6-46

（续）

# 实战 6.5　LiteOS 嵌入式操作系统迁移练习

## 1. 实战目标

第 4 章介绍了华为轻量级物联网操作系统 Huawei LiteOS，并简要说明了该系统的体系架构和特征。本节学习如何将 Huawei LiteOS 系统移植到实战所用的 NB-IoT 开发板 STM32 系列单片机上，并学习如何调用 Huawei LiteOS 中的函数来创建不同优先级的任务；编写以不同方式点亮 LED 灯的简单任务函数后，通过观察开发板上 LED 灯的闪亮情况和串口打印出的任务执行信息，了解不同优先级的任务的调度与实现过程。

## 2. 前期准备

（1）硬件准备

NB-IoT 开发工具包：本次实战我们使用的是钛比科技的 NB-IoT 开发工具包。

J-Link 仿真器：SEGGER J-Link 仿真器。

（2）软件环境

MDK 开发环境：Keil5.14，且安装好 STM32F103 的器件支持包。

J-Link 驱动程序：SEGGER J-Link 驱动程序。

串口调试助手：serial_port_utility。

串口驱动程序安装：安装工具包中串口驱动软件，驱动软件为 ch341_driver.exe，软件包含在文件资料包中。

（3）实战代码

Huawei LiteOS Kernel 源码可自行从 http://developer.huawei.com/ict/cn/rescenter/ CMDA_FIELD_LITE_OS?developlan=Other 网站下载。

用户也可从该网址上下载最新版本的"Huawei LiteOS 开源代码到第三方芯片的移植指南（Keil 版）"开发文档。

详细工程实现代码参见本书资料文件包中"LiteOS 迁移"文件夹下的"Huawei LiteOS_ STM32_DEMO"文件夹，该代码已经完成了大部分移植工作。

## 3. 实战步骤

（1）新建 STM32 基础工程模板

① 新建工程目录。选取一个 STM32 的例程作为参考，来新建 STM32 的工程模板，作为 Huawei LiteOS 移植的基础环境。这里选取 LiteOS 迁移下的跑马灯例程，原例程文件目录如图 6-47 所示。

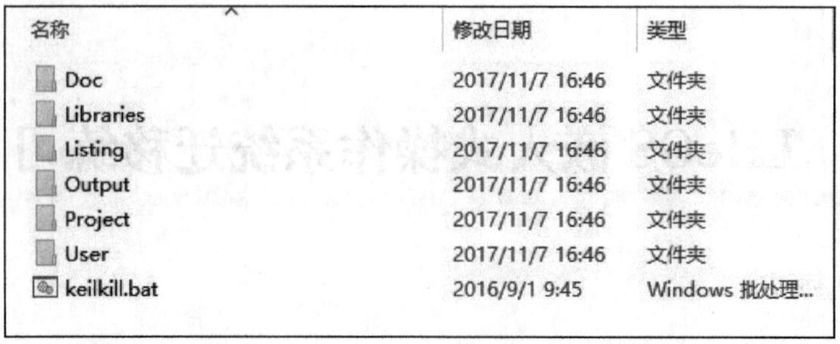

图 6-47
原例程文件目录

将下载下来的 Huawei LiteOS Kernel 源码解压后，得到 Huawei_LiteOS 和 Projects 两个文件夹，Huawei_LiteOS 文件夹是操作系统内核源码，移植的代码在这里。新建一个工程目录，将 Huawei_LiteOS 文件夹以及前面的跑马灯例程的全部文件都复制到该目录下，并将新工程目录命名为 Huawei LiteOS_STM32_DEMO。

删除 Listing、Output 两个文件夹，并将 Project 文件夹清空，新建的工程后续会生成自己的工程文件和输出文件。同时将跑马灯例程 User 文件夹下的 led 文件夹替换为"LiteOS 迁移"目录下的 led 文件夹。最终文件目录如图 6-48 所示。

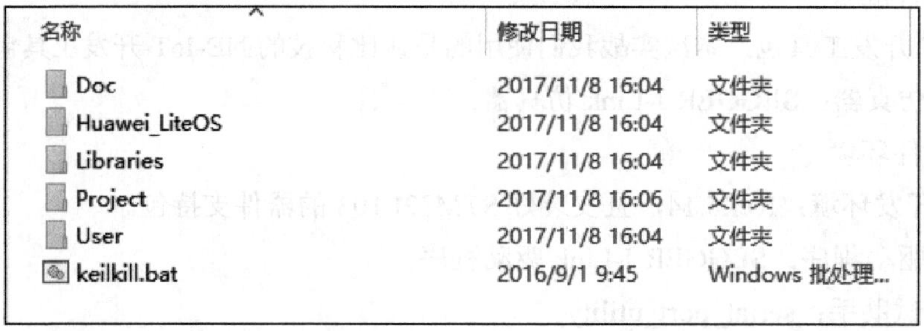

图 6-48
最终文件目录

② 创建工程。打开 MDK 软件，选择 Project→New uVision Project，将目录定位到刚才建立的文件夹下的 Project 子目录，并将工程取名为 Huawei_LiteOS_DEMO 后单击保存，工程文件就都保存到 Project 文件夹下了。

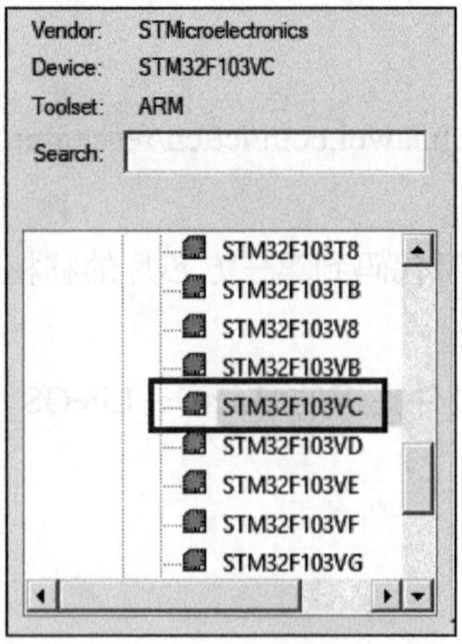

随后会出现 Select Device 页面，单击 STMicroelectronics 项展开，选择所用开发板对应的芯片即可，钛比科技开发板使用的是 STM32F103VC，如图 6-49 所示。若此处不显示 STM32 相关内容，说明 MDK 尚未安装 STM32 的器件支持包。

单击 OK 按钮后，MDK 弹出如图 6-50 所示 Manage Run-Time Environment 对话框。这里我们不配置，直接跳过即可。

图 6-49
开发板选择

此时，Project 目录下会生成文件如图 6-51 所示。其中 Huawei_LiteOS_DEMO.uvprojx 是工程文件，Listings 和 Objects 文件夹是 MDK 自动生成的文件夹，用来存储

MDK 编译过程中的一些中间文件。

③ 配置工程。在右侧 Project 工具栏中用鼠标右键单击 Target，在弹出的快捷菜单中选择 Manage Project Items 命令，在弹出的对话框的 Project Targets 一栏，将 Target 名字修改为 Huawei_LiteOS，然后在 Groups 一栏删掉 Soure Group1，建立 6 个 Group：STARTUP、CMSIS、FWLIB、HuaweiLiteOS_Kernel、HuaweiLiteOS_ Platform、USER，然后单击 OK 按钮。全部操作完成后，Project Items 栏如图 6-52 所示。

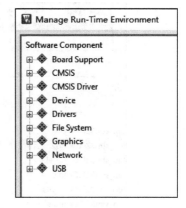

图 6-50
新建工程的配置

图 6-51
Project 目录

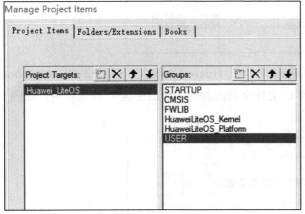

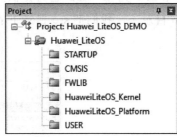

图 6-52
添加 Group

接下来，向刚才新建的 6 个 Group 中添加文件。选择 Manage Project Items，然后首先选择 STARTUP，单击右下角的 Add Files 按钮，在弹出的对话框中指定文件类型为 All files，指定到目录 Huawei LiteOS_STM32_DEMO\Libraries\CMSIS\startup 下，添加 startup_stm32f10x_hd.s 文件，如图 6-53 所示。

接下来，按照同样的方法向其余 5 个 Group 添加文件。

CMSIS 为 ARM 提供的库文件，在 Huawei LiteOS_STM32_DEMO\Libraries\CMSIS 目录下，全部添加到 CMSIS 这个 Group 中，如图 6-54 所示。

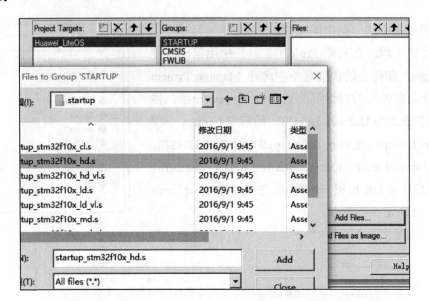

图 6-53
向 Gruop 添加
文件

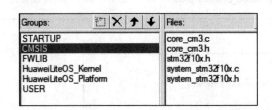

图 6-54
CMSIS Group
文件列表

FWLIB 为 STM32 官方提供的驱动库，在 Huawei LiteOS_STM32_DEMO\Libraries\
FWlib 目录下，我们把 src 目录下的 C 文件全部添加到 FWLIB 这个 Group 中，如图 6-55
所示。

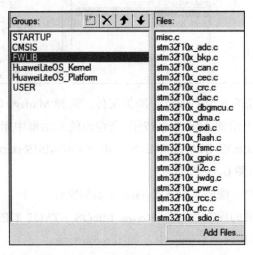

图 6-55
FWLIB Group
文件列表

USER 目录为用户应用代码，这里将跑马灯示例应用程序添加进来，在 User 文件夹
下，其中 led 驱动在 led 子目录下，一并添加进来，如图 6-56 所示。

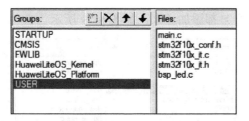

图 6-56
USER Group
文件列表

接下来，在 MDK 里面设置头文件存放路径，也就是告诉编译器去哪里找对应的头文件。在工程上用鼠标右键单击，在弹出的快捷菜单中选择 Options for Target...命令，弹出"工程配置"对话框。切换到 C/C++选项卡，设置宏定义 STM32F10X_HD. USE_STDPERIPH_DRIVER，并添加头文件路径：..\Libraries\CMSIS；..\ Libraries\FWlib\inc；..\User；..\User\led，如图 6-57 所示。

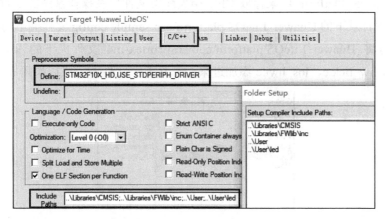

图 6-57
头文件存放路径设置

完成配置后回到主界面。编译工程，如果配置正确，应该能顺利通过编译，不出现 Error 或 Warning，如图 6-58 所示。

```
Build Output
compiling stm32f10x_rcc.c...
compiling stm32f10x_rtc.c...
compiling stm32f10x_sdio.c...
compiling stm32f10x_spi.c...
compiling stm32f10x_tim.c...
compiling stm32f10x_usart.c...
compiling stm32f10x_wwdg.c...
compiling main.c...
compiling stm32f10x_it.c...
compiling bsp_led.c...
linking...
Program Size: Code=1188 RO-data=320 RW-data=0 ZI-data=1632
".\Objects\Huawei_LiteOS_DEMO.axf" - 0 Error(s), 0 Warning(s).
Build Time Elapsed:  00:00:15
```

图 6-58
编译界面

（2）基于基础工程，编译 Huawei LiteOS 内核代码

① 向基础工程中添加 Huawei LiteOS 源码。上一步中我们新建了 HuaweiLiteOS_Kernel 和 HuaweiLiteOS_Platform 这两个 Group，但还未添加源码。

HuaweiLiteOS_Kernel 用来存放内核源码，移植过程中不需要修改内核源码，我们将 DEMO 工程目录下的 Huawei_LiteOS\kernel\base 文件夹中的 core、ipc、mem、misc 目录

下的全部 C 文件（共 15 个）都添加进来，如图 6-59 所示。

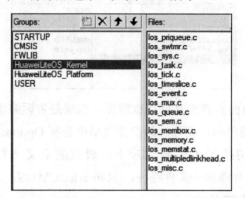

图 6-59
HuaweiLiteOS_
Kernel Group 文
件列表

HuaweiLiteOS_Platform 用来存放 CPU 相关配置文件以及操作系统的配置文件，我们将 DEMO 工程目录下的 Huawei_LiteOS\platform\bsp\sample\config 文件夹下的 los_config.c 添加进来，再将 Huawei_LiteOS\platform\cpu\arm\cortex-m4 文件夹下的 los_dispatch.s、los_hw.c、los_hw_tick.c、los_hwi.c 添加进来，一共 5 个文件，完成后如图 6-60 所示。

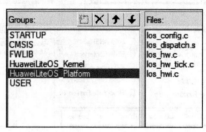

图 6-60
HuaweiLiteOS_
Platform Group
文件列表

② 添加 Huawei LiteOS 头文件目录。在工程上单击鼠标右键，在弹出的快捷菜单中选择 Options for Target...命令，然后在弹出的对话框中选择 C/C++选项卡，添加包含路径：..\Huawei_LiteOS\kernel\include；..\Huawei_LiteOS\kernel\base\include；..\ Huawei_Lite OS\platform\bsp\sample\config；..\Huawei_LiteOS\platform\cpu\arm\cortex-m4，工程的所有包含目录如图 6-61 所示。

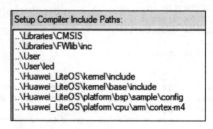

图 6-61
工程的包含目录

单击 OK 按钮完成配置，回到主页面进行编译。此时会出现很多个编译错误，接下来我们一个个地解决。

③ 解决编译错误。

a. 错误 1：

编译后若报错"LITE_OS_SEC_ALW_INLINE INLINE 不识别"，报错原因为 Huawei

LiteOS 在 los_builddef.h 文件中宏定义了 #define INLINE static inline，MDK 默认环境下不认识 static inline，只需要在工程中配置 C99 标准就可以支持了。

解决方法：在工程上用鼠标右键单击，在弹出的快捷菜单中选择 Options for Target…命令，然后在弹出的"工程配置"对话框中选择 C/C++选项卡，选择 C99 Mode 复选框，如图 6-62 所示。

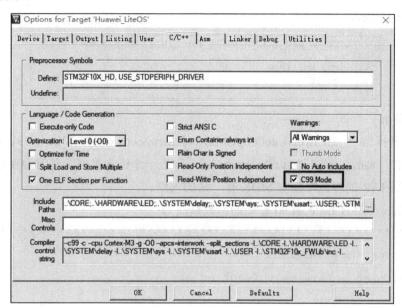

图 6-62
配置 C99 标准

b．错误 2：

编译后若报错 "..\Huawei_LiteOS\platform\bsp\sample\config\los_config.h(710): warning: #1295-D:Deprecated declaration osBackTrace - give arg types"，根据报错信息可以发现是 osBackTrace 函数的参数声明存在问题。

解决方法：此处该函数没有参数，因此需要在 los_config.h 的第 710 行代码中的函数声明里加上参数类型 void，即改成 extern void osBackTrace(void)，如图 6-63 所示。

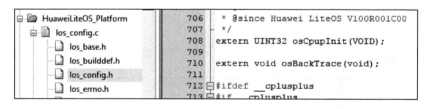

图 6-63
解决函数声明问题

c．错误 3：

编译后若报错 "..\Huawei_LiteOS\platform\cpu\arm\cortex-m4\los_hwi.c(81): error: #18: expected a ")"__asm ("mrs %0, ipsr" : "=r" (uwIntNum));"，报错原因为官方提供的是 IAR 工程，而 IAR 的内嵌汇编跟 MDK 有一定的区别。

解决方法：将 los_hwi.c 文件中第 77 行的函数 LITE_OS_SEC_TEXT_MINOR UINT32 osIntNumGet(VOID)改为：

```
LITE_OS_SEC_TEXT_MINOR __asm UINT32 osIntNumGet(VOID)
{
MRS R0, IPSR
BX LR
}
```

如图 6-64 所示。

**图 6-64
修改后的代码**

```
77  LITE_OS_SEC_TEXT_MINOR __asm UINT32 osIntNumGet(VOID)
78  {
79    MRS R0, IPSR
80    BX LR
81  }
```

d. 错误 4：

编译后若报错 "..\Huawei_LiteOS\platform\cpu\arm\cortex-m4\los_hw.c(99): error: #18: expected a ")"__asm ("cpsid i" ::: "memory");"，与上一个错误类似，是因为官方提供的是 IAR 工程，而 IAR 的内嵌汇编与 MDK 有一定的区别。

解决方法：将 los_hw.c 第 90 行处的函数修改为：

```
/***********************************************************************
 Function    : osTaskExit
 Description : Task exit function
 Input       : None
 Output      : None
 Return      : None
***********************************************************************/
LITE_OS_SEC_TEXT_MINOR VOID osTaskExit(VOID)
{
    __disable_irq();
    while(1);
}
```

如图 6-65 所示。

**图 6-65
修改后的函数**

```
90  /***********************************************
91    Function    : osTaskExit
92    Description : Task exit function
93    Input       : None
94    Output      : None
95    Return      : None
96   ***********************************************
97   LITE_OS_SEC_TEXT_MINOR VOID osTaskExit(VOID)
98   {
99       __disable_irq();
100      while(1);
101  }
```

另外，los_hw.c 文件第 113 行的 osTskStackInit 函数中请将浮点运算相关的代码注释掉，因为移植的是 M3 处理器，如果是 M4 或者 M7 可以不做修改。注释只需将 125 行和 160 行的 "#if 1" 改成 "#if 0" 即可。

对应的，请修改 los_hw.h 文件中的 TSK_CONTEXT_S 结构体，删除浮点相关寄存器。具体修改后的结果如下所示：

```
typedef struct tagTskContext
{
    UINT32 uwR4;

    UINT32 uwR5;

    UINT32 uwR6;

    UINT32 uwR7;

    UINT32 uwR8;

    UINT32 uwR9;

    UINT32 uwR10;

    UINT32 uwR11;

    UINT32 uwPriMask;

    UINT32 uwR0;

    UINT32 uwR1;

    UINT32 uwR2;

    UINT32 uwR3;

    UINT32 uwR12;

    UINT32 uwLR;

    UINT32 uwPC;

    UINT32 uwxPSR;

} TSK_CONTEXT_S;
```

e. 错误 5：

编译后若报错 "..\Huawei_LiteOS\platform\cpu\arm\cortex-m4\los_dispatch.s(54): error: A1163E: Unknown opcode SECTION , expecting opcode or Macro"，是因为 MDK 和 IAR 汇编的字段定义方法不同，需要修改，同时 los_dispatch.s 文件为操作系统调度的主要文件，M3 和 M4 支持的指定集会有一些不同，这里一并进行修改。

解决方法：修改后的汇编代码见 los_dispatch.s 文件.docx。

f. 错误 6：

编译后出现警告 "..\Huawei_LiteOS\platform\cpu\arm\cortex-m4\los_hwi.c(48): warning: #161-D:unrecognized #pragma"。

解决方法：注释掉 los_hwi.c 的第 48 行中的 "#pragma location=".vector"" 即可，如图 6-66 所示。

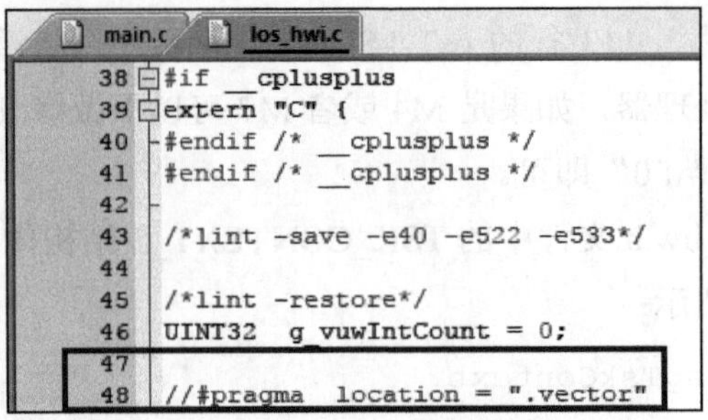

图 6-66
注释代码

④ 根据 STM32 启动文件，修改相应平台文件。

a. 除了编译错误之外，我们还需要根据 STM32 启动文件修改 PendSV_Handler 异常向量和 SysTick_Handler 向量的名称；在 Huawei LiteOS 源码中，它们分别叫 osPendSV、osTickHandler。这里我们在 MDK 主界面下使用<Ctrl+H>组合键将查找到的 osPendSV 和 osTickHandler 都分别替换成 PendSV_Handler 和 SysTick_Handler。

**注意**：所有类型的文件都需要查找，比如*.ph 类型文件；los_tick.ph 文件中的 extern VOID osTickHandler(VOID)，也要改成 extern VOID SysTick_Handler(VOID)。

b. 将 low_hwi.h 文件的第 243 行改为 extern UINT32_Vectors[]，与启动文件对应起来。

c. 将 STM32F10X_it.c 文件中的 void PendSV_Handler(void)和 void SysTick_Handler(void) 两个函数前面加上__weak 关键字，定义为弱函数，否则会跟 Huawei LiteOS 源码中的同名函数重定义，也可以选择将这两个函数注释掉，如图 6-67 所示。

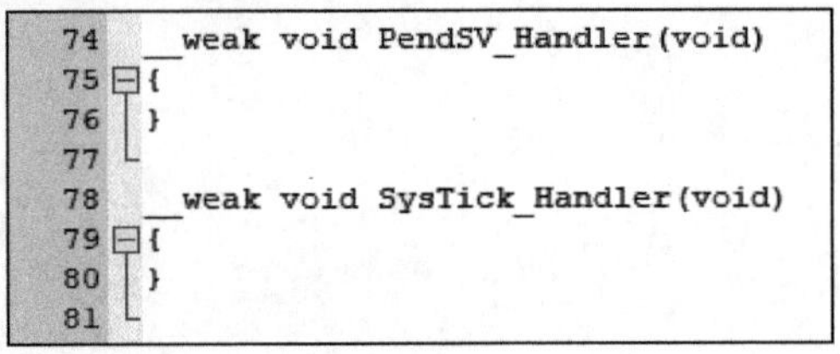

图 6-67
注释函数

全部修改完成后，再次编译应该只有两个错误：

Error: L6200E: Symbol _ _ARM_use_no_argv multiply defined (by main.o and los_config.o).

Error: L6200E: Symbol main multiply defined (by main.o and los_config.o).

报错原因是因为基础工程的 main.c 和 Huawei LiteOS 中的 los_config.c 都定义了 main 函数。这个问题后续我们会一并解决。

（3）在 los_config.h 中配置系统参数

常用参数如下：

#DEFINE OS_SYS_CLOCK 72000000

#DEFINE LOSCFG_BASE_CORE_TSK_LIMIT 15

#DEFINE OS_SYS_MEM_SIZE 0X00008000

#DEFINE LOSCFG_BASE_CORE_TSK_DEFAULT_STACK_SIZE SIZE(0X2D0)

#DEFINE LOSCFG_BASE_CORE_SWTMR_LIMIT 16

这里我们是用的 STM32F103 芯片，因此将 OS_SYS_CLOCK 设为系统主频 72MHz，如图 6-68 所示。

```
57  #define OS_SYS_CLOCK                    72000000
```

图 6-68
系统主频设置

（4）创建 Huawei LiteOS 任务，实现 LED 指示灯 DEMO

Huawei LiteOS 是一个支持多任务的操作系统。在 Huawei LiteOS 中，一个任务表示一个线程。任务可以使用或等待 CPU、使用内存空间等系统资源，并独立于其他任务运行。Huawei LiteOS 可以给开发者提供多个任务，实现了任务之间的切换和通信，帮助开发者管理业务程序流程。这样可以将更多的精力投入到业务功能的实现中。

在 Huawei LiteOS 中，我们通过函数 LOS_TaskCreate()来创建任务，LOS_TaskCreate() 函数原型在 los_task.c 文件中定义。调用 LOS_TaskCreate()创建一个任务以后，任务就会进入就绪状态。

我们在原基础工程的 main.c 文件中编写任务代码来创建任务，先删除 main.c 文件中原有代码，然后按照如下流程进行任务创建。

① 开发者编写用户任务函数，如图 6-69 所示。

```
56  void task1(void)//任务1执行内容
57 ┌{
58    UINT32 uwRet = LOS_OK;
59    UINT32 count=0;
60    UINT32 task1_i;
61    while(1)
62 ┌  {
63    count++;
64    printf("this is task 1,count is %d\r\n",count);
65    for(task1_i=0;task1_i<=10;task1_i++)
66 ┌    {
67      LED0=1;//对应开发板上的LED0
68      SOFT_DELAY;
69      LED0=0;
70      SOFT_DELAY;
71    }
72      uwRet = LOS_TaskDelay(100);//任务延时，供其他就绪任务进入运行
73    if(uwRet !=LOS_OK)//检查返回值
74      return;
75    }
76  }
```

图 6-69
用户任务函数

② 配置任务参数并创建任务，如图 6-70 所示。

```
78  UINT32 creat_task1(void)//创建任务1
79 ┌{
80    UINT32 uwRet = LOS_OK;
81    TSK_INIT_PARAM_S task_init_param;//任务参数配置结构体
82    task_init_param.usTaskPrio = 1;//任务优先级
83    task_init_param.pcName = "task1";//任务名
84    task_init_param.pfnTaskEntry = (TSK_ENTRY_FUNC)task1;//指定入口函数
85    task_init_param.uwStackSize = LOSCFG_BASE_CORE_TSK_DEFAULT_STACK_SIZE;//设置任务堆栈大小（此为默认大小）
86    task_init_param.uwResved = LOS_TASK_STATUS_DETACHED;//默认值，一般不修改
87    uwRet = LOS_TaskCreate(&TASK1_ID,&task_init_param);//使用任务创建函数
88    if(uwRet !=LOS_OK)
89 ┌    {
90      return uwRet;
91    }
92    return uwRet;
93  }
94
```

图 6-70
创建任务

③ 在 Huawei LiteOS 提供的用户入口函数 osAppInit 中初始化硬件及用户应用，添加前面已经创建的全部任务，等操作系统启动后进行任务调度，如图 6-71 所示。

```
182    UINT32 osAppInit(void)//用户入口函数，初始化硬件及用户任务，
183  □{
184       UINT32 uwRet = 0;
185       hardware_init();//硬件初始化
186       uwRet = creat_task1();//添加任务1，下同
187       if(uwRet !=LOS_OK)
188  □    {
189         return uwRet;
190  -    }
191       uwRet = creat_task2();
192       if(uwRet !=LOS_OK)
193  □    {
194         return uwRet;
195  -    }
196       uwRet = creat_task3();
197       if(uwRet !=LOS_OK)
198  □    {
199         return uwRet;
200  -    }
201       return LOS_OK;
202  └}
```

图 6-71
用户入口函数

最终的 main.c 文件中没有 main 函数，只有任务创建相关函数，全部代码见 "LiteOS 迁移" 目录下的 main.c 文件。

为了能够更加直观地通过串口打印信息以观察任务的调度与执行情况，此处将 "LiteOS 迁移" 目录下的 sys 与 usart 文件夹复制到 "DEMO\User" 目录下，并在 User 这个 Group 中加入 usart.c 与 sys.c 文件，同时 include path 中添加 "..\User\usart" 与 "..\User\sys"，否则执行 main.c 中的 printf 函数时，程序会报错。

**注意：** osAppInit 函数为用户添加的任务函数，所以需要在 los_config.c 文件的 main 函数中调用，并在 los_config.h 文件中使用 "extern UINT32 osAppInit(VOID);" 声明。

因此 los_config.c 文件中的 main 函数要调用 osAppInit 函数，需要进行如下修改：

```
int main(void)
{
    UINT32 uwRet;
    uwRet = osMain();
    if (uwRet != LOS_OK) {
        return LOS_NOK;
    }
     osAppInit();
    LOS_Start();

    for (;;);
    /*把(...)修改为您自己的代码．*/
}
```

（5）移植的最后操作

最后一步需要修改分散加载文件 sct。在 Options for Target 中选择 Linker 选项卡，选中 Use Memory Layout from Target Dialog 复选框，MDK 会自动生成默认的 sct 文件，如图 6-72 所示，且该文件在工程目录中的"PROJECT\Objects"目录下。

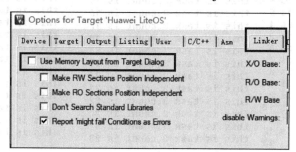

图 6-72
生成 sct 文件

由于 Huawei LiteOS 中对数据和代码位置进行了控制，代码和数据会放在多个不同的内存区域，因此需要使用分散加载文件进行描述。要使系统准确运行起来，需要重新编写一个分散加载文件，配置 MDK 的链接器选择指定的分散加载文件，修改后的 sct 文件见"LiteOS 迁移"目录下的 Huawei_LiteOS_CortexM.sct 文件。

修改后的文件，主要多加载了两个段，其中".vector.bss"需要在 los_builddef.h 文件中进行配置，将该文件第 90 行的宏定义注释取消掉，修改后为：#define LITE_OS_SEC_VEC _ _attribute_ _ ((section(".vector.bss")))。

将修改后的 sct 文件另存到"DEMO\User"目录下。然后在工程名上单击鼠标右键，在弹出的快捷菜单中选择 Options for Target...命令，在弹出的对话框中选择 Linker 选项卡，如图 6-73 所示配置。

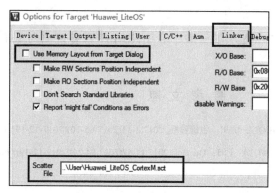

图 6-73
工程配置

完成后回到主界面编译工程，下载到开发板验证功能即可。

4．实战成果

如果移植正确，任务会根据优先级正确调度，开发板上 LED 闪烁。通过串口接收到的信息（波特率设置为 115200，停止位为 1，数据位为 8，无奇偶校验），可观察到任务根据优先级（初始时任务 3>任务 1>任务 2）正确调度，且最后任务 1、3 都被删除，只有任务 2 在循环不断地执行，如图 6-74 所示。

```
this is task 3,count is 1
this is task 1,count is 1
this is task 3,count is 2     this is task 1,count is 4      this is task 3,count is 24
this is task 3,count is 3     this is task 3,count is 14     this is task 3,count is 25
this is task 3,count is 4     this is task 3,count is 15     this is task 3,count is 26
this is task 3,count is 5     this is task 3,count is 16     this is task 1,count is 7
This is task 2,count is 1     this is task 3,count is 17     this is task 3,count is 27
this is task 1,count is 2     this is task 3,count is 18     this is task 3,count is 28
this is task 3,count is 6     this is task 1,count is 5      this is task 3,count is 29
this is task 3,count is 7     this is task 3,count is 19     this is task 3,count is 30
this is task 3,count is 8     this is task 3,count is 20     This is task 2,count is 3
this is task 3,count is 9     this is task 3,count is 21     This is task 2,count is 4
this is task 1,count is 3     this is task 3,count is 22     This is task 2,count is 5
this is task 3,count is 10    This is task 2,count is 2      This is task 2,count is 6
this is task 3,count is 11    this is task 1,count is 6      This is task 2,count is 7
this is task 3,count is 12    this is task 3,count is 23     This is task 2,count is 8
this is task 3,count is 13
```

图 6-74
成功后的串口
打印信息

# 本章小结

通过本章的练习，读者可以熟悉 STM32 系列单片机的编程、下载等基本开发步骤，并对单片机的 I/O 口、串口通信等基本功能有所了解，为后续 NB-IoT 模组的使用做好准备。开发板上的 NB-IoT 模组通过与 STM32 控制器的信息交互，最终实现硬件终端与基站的通信功能。

本章的学习让读者可以了解 AT 指令并掌握开发板通过 AT 指令连接到网络的过程；只有在终端已经连网的基础上，下一章中终端与平台的信息交互功能才可能实现。

同时，本章还针对目前的一个主流 IoT 操作系统——华为 LiteOS，让读者了解将这些操作系统移植到 NB-IoT 开发板的详细过程。

在掌握以上内容的基础上，我们可以进入下一章，学习 NB-IoT 设备终端与 IoT 平台的通信实现与应用开发步骤。

## 参 考 文 献

中国移动，2017. M5310AT 使用流程示例_V1.0 [EB/OL]. 杭州：中国移动，2017:3-11(2017-05-10)[2017-12-19]. http://iot.10086.cn.

Quectel, 2017. BC95_AT_Commands_Manual_V1.5[EB/OL]. 上海：Quectel, 2017:11-57(2017-04-24)[2017-12-19]. http://www.quectel.com/support/downloadb/TechnicalDocuments.htm.

Quectel, 2017. BC95_重要注意事项及常见问题_V1.2[EB/OL]. 上海：Quectel, 2017:7-11(2017-05-05)[2017-12-19]. http://www.quectel.com/support/downloadb/TechnicalDocuments.htm.

Huawei LiteOS 开源团队，2016. Huawei LiteOS 第三方芯片移植指南（Keil 版）_V1.0 [EB/OL]. 深圳：华为技术有限公司，2016:9-30(2016-12-12)[2017-12-19]. http://developer.huawei.com/ict/cn/rescenter/CMDA_FIELD_LITE_OS?developlan=Other.

# 第7章 NB-IoT 平台及应用实战手册

本章介绍基于钛比科技的 NB-IoT 开发套件硬件。实战 7.1～7.3 分别介绍了 NB-IoT 设备与华为 IoT 平台 OceanConnect，中移物联 OneNET 平台通信的详细实现步骤。实战 7.4、7.5 在此基础上介绍了利用平台数据进行简单应用端开发的实现过程，通过借助 NB-IoT 开发板上的温湿度传感器，最终实现在应用端实时显示温湿度的功能。

一个典型的 NB-IoT 端到端应用系统，如图 7-1 所示包含以下几大部分：用户终端、无线接入网、核心网、IoT 联接管理平台和应用服务器。其中，终端与接入网之间是无线连接，即 NB-IoT 网络；IoT 联接管理平台汇聚从各种接入网得到的 IoT 数据，并根据不同类型业务需求转发给相应的业务应用进行处理。

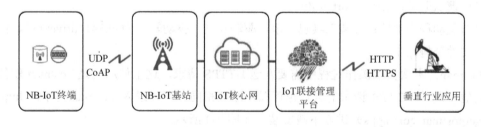

图 7-1
NB-IoT 应用系统

在进行 NB-IoT 应用系统开发的过程中，一般首先在平台上创建产品，然后在该产品内创建设备。随后，真实设备终端通过向平台服务器发送携带特定鉴权信息（创建设备过程中生成）的注册请求后连接到 IoT 联接管理平台。连接成功后，平台与设备终端才可进行信息交互；基于设备上报的数据，我们可以进一步进行业务应用的开发。NB-IoT 应用系统开发流程如图 7-2 所示。

图 7-2
NB-IoT 应用系统开发流程

为了实现设备的接入与业务应用的开发，IoT 联接管理平台具有南向接口与北向接口，北向接口是提供给其他厂家或运营商进行接入和管理的接口，即向上提供的接口；南向接口是管理其他厂家网关或设备的接口，即向下提供的接口。具体来说，在进行 NB-IoT 应用系统开发的过程中，设备通过南向接口接入平台服务器，业务应用通过北向接口接入平台服务器。

# 实战 7.1　华为 IoT 平台设备接入练习

### 1．实战目标

了解华为 IoT 平台 OceanConnect，学习在该平台上创建设备以及设备接入并上报数据的操作。

### 2．前期准备

（1）硬件准备

**NB-IoT 开发工具包硬件：**本次实战我们使用的是钛比科技的 NB-IoT 开发工具包。

**J-Link 仿真器：**SEGGER J-Link 仿真器。

**物联卡：**由于实战过程中使用 BC95-B8 模组，因此采用中国移动物联卡。

（2）软件环境

**MDK 开发环境：**Keil5.14，且安装好 STM32F103 的器件支持包。

**J-Link 驱动程序：**SEGGER J-Link 驱动程序。

**串口调试助手：**serial_port_utility。

**串口驱动程序安装：**安装工具包中串口驱动软件，驱动软件为 ch341_driver.exe，软件包含在文件资料包中。

**Postman：**本次实战操作过程中需要发送 HTTPS 请求，这里使用的是 Postman 软件；使用其他可发送 HTTPS 请求的软件也可以，原理相同。可以进入 Postman 官网（https://www.getpostman.com/apps）进行下载安装，如图 7-3 所示。

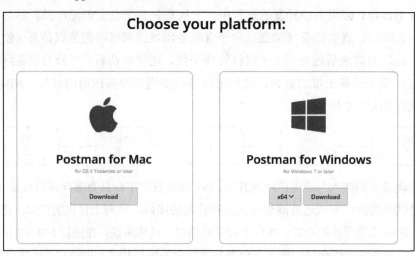

图 7-3
Postman 软件
下载

（3）实战代码

本次实战代码是设备通过 BC95-B8 模组接入华为 IoT 平台并进行数据上报的实例,详细实现代码参见本书资料文件包中的"华为 IoT 平台接入"文件夹。

## 3. 实战步骤

设备接入华为 IoT 平台的过程大致为:申请开发者账号→创建应用→注册设备→设备上线→数据上报。

**注意:** 目前华为 IoT 平台的账号申请仅面向华为认证的合作伙伴,个人用户暂时无法获取账号。个人用户可以通过预约远程实验室进行开发者体验与调试,具体操作可参考 http://developer.huawei.com/ict/cn/doc/IoT-Platform-North-HelloWorld/index.html/zh-cn_topic_0065817579。以下均为使用企业账号操作的具体步骤,使用远程实验室操作的步骤可能稍有不同。个人用户学习目前建议使用中移物联 OneNET 平台。

预约远程实
验室

用户可从华为平台的资源中心(网址为 http://developer.huawei.com/ict/cn/rescenter)查阅相关最新开发文档。

具体实战步骤如下:

（1）创建应用

访问华为 IoT 平台 SP Portal(企业平台)界面: https://server IP:8843,并登录。

在页面左侧选择"应用管理-应用"栏目,单击右上角的"创建应用"按钮。

创建 NB-IoT 应用时,一定要注意以下选项,具体如图 7-4 所示。

创建应用

· 应用名称 *

TEST

· 所属行业 *

公用事业(NB-IoT)

· 关联API包

基础API包,公用事业(NB-IoT)API包

· 应用能力 *

规则引擎

· 数据存储时间 *

图 7-4

NB-IoT 应用创建

① "所属行业" 必须选择 "公用事业（NB-IoT）"。

② "关联 API 包" 必须选择 "基础 API 包" 和 "公用事业（NB-IoT）API 包"，建议全部选择。

③ "应用能力" 必须选择 "规则引擎"。

如果某项选择错误，需要删除应用后重新创建，修改无效。

创建成功后，弹出界面，得到 appId 和 secret，请保存，如图 7-5 所示。appId 与 secret 信息非常重要，后面 NB-IoT 设备的创建过程中将会用到。

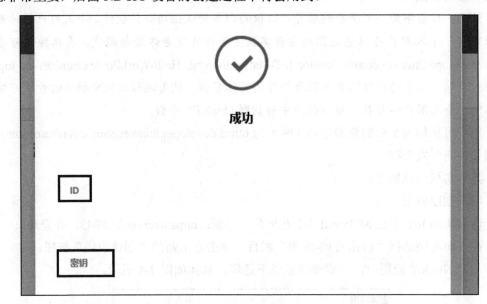

图 7-5
NB-IoT 应用创建成功

此时，在应用列表中，已经可以看到刚才创建的 TEST 应用，如图 7-6 所示。

图 7-6
所创建的 NB-IoT 应用

（2）登录应用，获取访问令牌

应用访问 IoT 平台时必须首先进行登录，登录成功后获取访问令牌（accessToken），这里使用 Postman 发送 HTTPS 请求。

在发送请求前，需要为 Postman 软件配置 HTTPS 证书。单击扳手图标，再单击 Settings，关闭 SSL 校验，如图 7-7 所示。

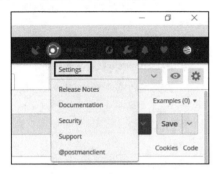

图 7-7
Postman 配置

切换到 Certificates 页面，单击 Add Certificate。添加 Host 信息，并导入"华为 IoT 平台接入"文件夹下，HTTPS 证书中的".crt"和".key"文件，如图 7-8 所示。

**注意**：此处 Host 信息要填写的是北向应用对接地址与端口，而非前面第（1）步中的平台 SPPortal 地址与端口。后续 HTTPS 请求中的"server:port"也都是指北向应用对接地址与端口，此地址为申请账号时华为提供。

图 7-8
Postman 配置信息

接下来就可以使用 Postman 发送登录应用请求了，如图 7-9 所示。HTTP 请求与响应见表 7-1。

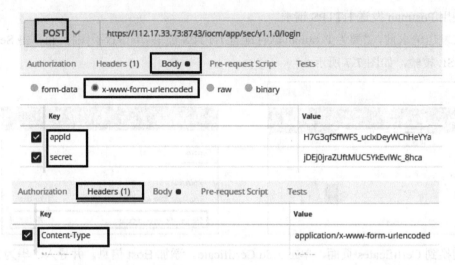

图 7-9
登录应用

**表 7-1　HTTP 请求与响应**

| HTTP 方法 | POST |
|---|---|
| URL | https://server:port/iocm/app/sec/v1.1.0/login |
| 请求 Body | appId = xx　//上一步记录的 appId，appId 为 Key，记录的信息为 Value<br>secret = xx　//上一步记录的 secret |
| 成功返回 | {<br>"scope":"default",<br>"tokenType":"bearer",<br>"expiresIn": "*******",<br>"accessToken":"*******"　//访问令牌，十分重要，请记录<br>} |

说明：

① 这里"server:port"是指北向应用对接地址与端口。

② 此请求中"Body"的格式选择为"x-www-form-urlencoded"，Postman 会自动生成 Key 为"Content-Type"，Value 为"application/x-www-form-urlencoded"的 HTTP 头部。

（3）注册设备

所有设备必须先在北向应用对接地址与端口进行注册，才允许连接到平台。通过注册设备，平台会为每个设备分配一个唯一的表示 deviceId，后续应用这个设备时都通过 deviceId 来指定设备，在平台 SP Portal 上也可以通过 deviceId 来查找设备。

根据上一步得到的 Token 信息，发送 HTTPS 请求注册 NB-IoT 设备，如图 7-10 所示。HTTP 请求与响应见表 7-2。

表 7-2  HTTP 请求与响应

| HTTP 方法 | POST |
|---|---|
| URL | https://server:port/iocm/app/reg/v1.1.0/devices |
| Headers | app_key=xx                        //第一步记录的 appId<br>Authorization=Bearer        xx<br>//填写 Bearer accessToken，注意中间有空格<br>Content-Type=application/json |
| 请求 Body | {<br>    "verifyCode":"447769804451095",<br>    "nodeId":"447769804451095",<br>    "timeout":0<br>} |
| 成功返回 | {<br>    "deviceId":"*******",        //设备 ID，非常重要，请记录<br>    "verifyCode":"*******",<br>   "timeout":0,<br>"psk":"*******"<br>} |

说明：

① 此请求中"Body"的格式选择为"raw""json"，Postman 会自动生成 Key 为"Content- Type"、Value 为"application/json"的 HTTP 头部。

② verifyCode 和 nodeId 需要填写设备唯一标识，此处应该填写 BC95 模组的 IMEI 号，因为华为平台是根据模组的 IMEI 号来自动识别设备的。如果模组上印刷的 IMEI 号看不清楚，可以向 BC95 模组发送"AT+CGSN"命令进行查询。timeout 建议填写 0。

③ 输入"请求 Body"段代码时，需要特别注意格式。除最后一行外，每行末尾都要加上逗号。另外，注意标点符号应为英文即半角格式，否则，HTTPS 请求会发送失败。

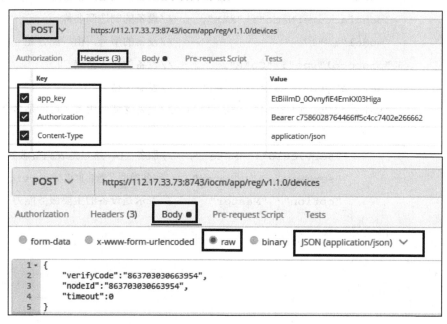

图 7-10

NB-IoT 设备注册

完成此步骤之后，在华为 IoT 平台"设备管理"栏目，可以看到 TEST 应用中出现一个设备，且 ID 与刚才 HTTPS 请求返回的 deviceId 一致，设备处于离线状态，如图 7-11 所示。

图 7-11
控制台设备界面

（4）编写导入 profile 文件

profile 是设备数据模型的描述文件。它定义了一个类型的设备具备哪些服务能力，每个服务有哪些属性（即上报的数据有哪些字段），有哪些命令以及命令的参数。

一般通过两个 json 配置文件来描述：

devicetype-capability.json：用来定义一种设备类型，包括它的制造商信息、设备类型、设备型号，以及支持哪些服务能力。

servicetype-capability.json：用来定义一个服务，包括服务的属性、支持的命令。

比如一款智能水表的 devicetype-capability.json 内容如下：

```
{
    "devices": [
        {
            "manufacturerId": "5678",          //设备的制造商 ID
            "manufacturerName": "XXX",         //设备的制造商名称
            "model": "17",                     //设备的型号，由厂商分配
            "protocolType": "CoAP",            //设备的接入协议
            "deviceType": "WaterMeter",        //设备类型
            "serviceTypeCapabilities": [       //设备支持的服务，可能是多个服务
                {
                    "serviceId": "Meter",      //服务 ID，这里是表测量服务
                    "serviceType":"Meter",     //服务类型，当前直接填 serviceId 即可
                    "option": "Master"         //表示是设备的主要服务能力
                }
            ]
        }
    ]
}
```

可以看到这款水表支持 Meter 服务。Meter 服务在文件 servicetype-capability.json 里定义：

```json
{
    "services": [
        {
            "serviceType": "Meter",
            "description": "Meter",
            "properties": [                          //服务的属性，即上报哪些字段
                {
                    "propertyName": "signalStrength", //水表信号强度
                    "dataType": "int"
                },
                {
                    "propertyName": "currentReading",   //水表当前度数
                    "dataType": "string"
                }
            ],
    "commands": [      //支持的命令
                {
                    "commandName": "SET_REPORT_PERIOD", //命令名称：设置上报周期
                    "paras": [                          //命令参数,可能有多个参数
                        {
                            "paraName": "period",       //参数名：上报周期
                            "dataType": "int",          //参数类型：整型
                            "required": true            //是否必选参数
                        }
                    ],
                    "responses": [      //命令的响应消息，如果没有响应，可以填 null
                        {
                            "responseName": "SET_REPORT_PERIOD_RSP",
                                //响应消息名
                            "paras": [                 //响应消息的字段
                                {
                                    "paraName": "result",
                                    "dataType": "int",
                                    "required": true
                                }
                            ]
                        }
                    ]
                }
            ]
        }
    ]
}
```

关于编写 profile 文件的更多信息，可以参考华为网站资源中心中的《华为 IoT_设备能力描述文件 profile 开发指南》。

此次实战例程中使用的 profile 文件见"华为 IoT 平台接入"文件夹下的"Electricity Device_terabits_001"。编写好 profile 后需要导入到平台才能生效，登录到平台 SP Protal 上的设备管理页面，单击右侧"模型"栏中的"导入模型"，再单击"上传"按钮，如图 7-12 所示。上传成功后可以查看，如图 7-13 所示。

图 7-12
上传 profile 文件

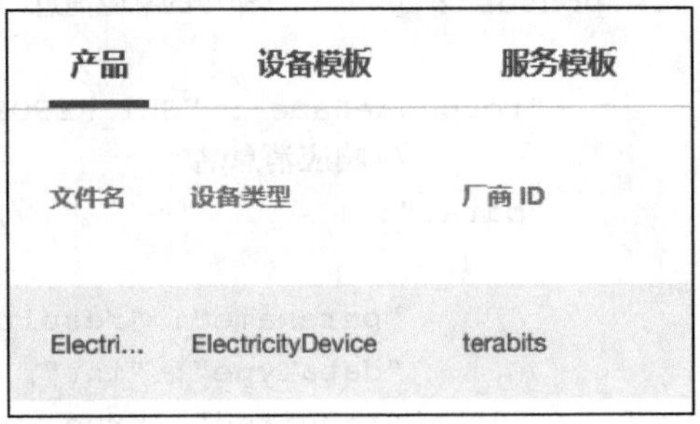

图 7-13
控制台 profile
文件

（5）设置设备信息

这一步是为了把设备的厂商、型号、设备类型等信息设置到平台，平台在处理过程中需要这些信息。HTTP 请求与响应见表 7-3。

表 7-3　HTTP 请求与响应

| HTTP 方法 | PUT |
|---|---|
| URL | https://server:port/iocm/app/dm/v1.1.0/devices/{deviceId} |

续表

| HTTP 方法 | PUT | |
|---|---|---|
| Headers | app_key=xx | //第一步记录的 appId |
| | Authorization=Bearer xx | //填写 Bearer accessToken，注意中间有空格 |
| | Content-Type=application/json | |
| 请求 Body | {<br>"manufacturerId":"****",<br>"model":"****",<br>"protocolType":"*******",<br>"deviceType":"waterMeter"<br>} | |
| 成功返回 | no content | |

说明："请求 Body"段代码中的 4 个字段都必须进行设置，具体设置信息应参考 profile 中的 devicetype-capability.json 配置文件。配置文件中定义如图 7-14 所示。

```
"devices": [
    {
        "manufacturerId": "terabits",
        "manufacturerName": "terabits",
        "model": "001",
        "protocolType": "CoAP",
        "deviceType": "ElectricityDevice",
```

图 7-14
配置文件

设置设备信息，如图 7-15 所示。

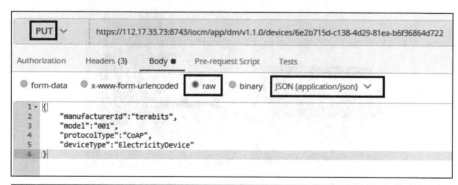

图 7-15
设置设备信息

（6）设备上线

完成到这一步时，设备已经可以接入到平台了。

经过前几个实战项目的练习，想必大家已经掌握了新建和配置 MDK 工程的流程，此处直接编译下载本书资料文件包中的"华为 IoT 平台接入"例程。

安装好 BC95 模组和移动物联卡，连接电源线、串口线和天线后，单击 Build 按钮编译，如图 7-16 所示。

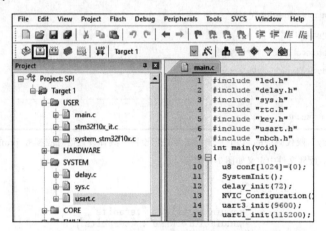

图 7-16
编译工程

将 J-Link 连接至计算机，使其 Debug 端口与开发板上对应的插座相连，如图 7-17 所示。

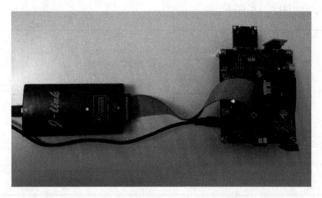

图 7-17
J-Link 与开发板
连接

然后在工程界面用鼠标右键单击 Target 1，在弹出的快捷菜单中选择 Options for Target… 命令。在弹出的对话框中选择 Debug 选项卡，选择 Use 单选按钮并选择 J-LINK/J-TRACE Cortex，然后单击 OK 按钮，如图 7-18 所示。

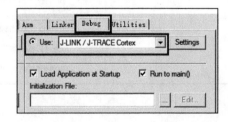

图 7-18
设置下载器为
J-Link

回到工程界面，选择 Flash→Download 命令，程序被成功下载到开发板中。下载完成后，按下复位按键，程序即开始运行。

**注意：** 本实战代码实现的过程中设备并未向平台服务器发送它特有的鉴权信息，那么平台是如何识别设备的呢？这与华为平台的机制有关，华为平台是通过模组的 IMEI 号来自动识别设备，并将实际设备与平台上创建的设备进行匹配的。这也是前几步中，当创建设备填写 verifyCode 和 nodeId 时必须填写 BC95 模组 IMEI 号的原因。

打开串口调试工具，设置波特率为 115200，数据位为 8，停止位为 1，校验位和流控位为 None，接收设置为 ASCII，即可以看到开发板通过串口打印的信息。等待一段时间后，串口打印出 "connect to cloud successful!" "running" 信息，此时设备已经成功上线，如图 7-19所示。

```
OK

internet_test 246 cmd:AT+NMGS=1,CC
,rsp:
OK

+NSMI:SENT

+NNMI

internet_test 246 cmd:AT+CGSN=1
,rsp:
+CGSN:863703030663954

OK

internet_test 246 cmd:AT+NMGS=17,AD8B3333333333333B854010100031084ID
,rsp:
OK

+NSMI:SENT

+NNMI

connect to cloud successful!
running
```

图 7-19
成功后的串口
打印信息

此时，进入华为 IoT 平台设备界面，可以看到之前创建的设备处于上线状态，如图 7-20所示。

图 7-20
控制台显示

（7）数据上报

单击设备进入"数据"选项卡，可看到设备向平台发送的数据的展示，如图 7-21 所示。

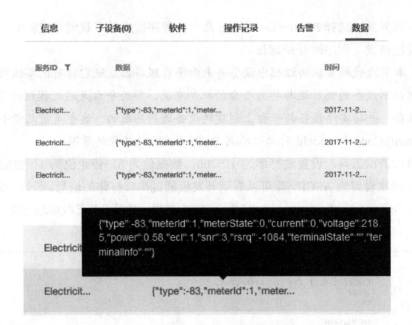

| 信息 | 子设备(0) | 软件 | 操作记录 | 告警 | 数据 |

| 服务ID ▼ | 数据 | 时间 |
| --- | --- | --- |
| Electricit... | {"type":-83,"meterId":1,"meter... | 2017-11-2... |
| Electricit... | {"type":-83,"meterId":1,"meter... | 2017-11-2... |
| Electricit... | {"type":-83,"meterId":1,"meter... | 2017-11-2... |

{"type":-83,"meterId":1,"meterState":0,"current":0,"voltage":218.5,"power":0.58,"ecl":1,"snr":3,"rsrq":-1084,"terminalState":"","terminalInfo":""}

Electricit...

| Electricit... | {"type":-83,"meterId":1,"meter... | |

图 7-21
数据上报

平台上看到的是设备上报的原始数据经过编解码插件解码之后，与 profile 定义的格式一致的数据，展示"type""meterId""meterState"等字段，如图 7-22 和图 7-23 所示。

```
internet_test 246 cmd:AT+NMGS=17,AD8B3333333333333B85401010000310841D
,rsp:
OK

+NSMI:SENT

+NNMI

internet_test 246 cmd:AT+NMGR
,rsp:
4,AB001CEB

OK
```

图 7-22
设备上报的原始数据

```
"properties": [
    {
        "propertyName": "type",
        "dataType": "int"
    },
                        {
                            "propertyName": "meterId",
        "dataType": "int"
                        },
                        {
                            "propertyName": "meterState",
        "dataType": "int"
                        },
                        {
                            "propertyName": "power",
        "dataType": "double"
                        },
```

图 7-23
profile 文件定义

至此，基于华为 IoT 平台的设备创建、接入与上报数据操作全部完成。

# 实战 7.2　OneNET 平台注册和登录练习

## 1．实战目标

了解中移物联网 OneNET 设备云平台，掌握在 OneNET 平台上创建设备的操作。

## 2．前期准备

本次实战操作过程中需要发送 HTTP 请求，这里使用的是 Postman 软件；也可使用其他可发送 HTTP 请求的软件，原理相同。

进入 Postman 官网（https：//www.getpostman.com/apps）进行下载安装。

## 3．实战步骤

OneNET 设备的创建过程大致为：OneNET 用户注册→新建产品→新增设备。

**注意**：目前 NB-IoT 产品和设备的创建过程较为烦琐和底层，主要原因是现在在 OneNET 平台上直接创建产品的过程中，协议一栏没有 NBCoAP 协议选项。当然，之后中移物联肯定也会改进更新，创建设备的过程可能大大简化。

用户可从 OneNET 文档中心（https://open.iot.10086.cn/doc/art243.html#66）查阅最新开发文档。

OneNET 文档中心开发文档：数据推送功能描述

具体实战过程如下：

（1）注册账号

访问浙江 OneNET 门户网站（http://openiot.zj.chinamobile.com），填写相关信息后完成用户注册并登录，如图 7-24 所示。

**说明**：也可访问重庆的 OneNET 门户网站（https://open.iot.10086.cn/）进行注册登录，用户可以自行在网站上查阅相关开发文档与经典案例。

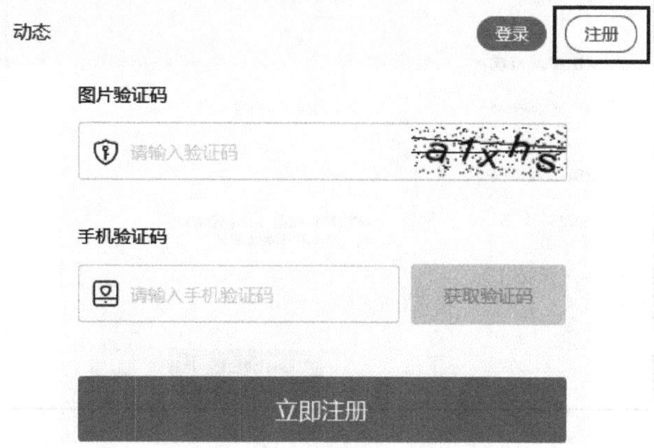

OneNET 文档中心开发文档：硬件接入说明

图 7-24

注册账号

（2）任意创建一个公开协议产品以获取 user id 信息

登录成功后，进入"开发者中心"。任意创建一个公开协议产品，填写相关信息后单击"确定"按钮，如图 7-25～图 7-28 所示。

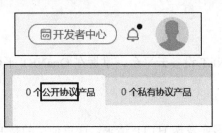

图 7-25
创建公开协议
产品（1）

图 7-26
创建公开协议
产品（2）

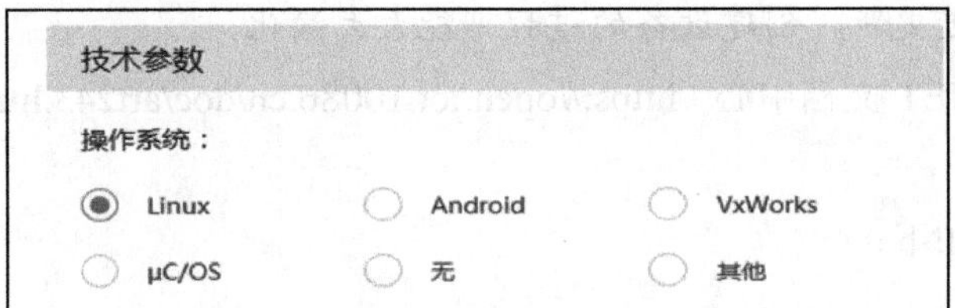

图 7-27
创建公开协议
产品（3）

图 7-28

创建公开协议产
品（4）

（3）获取 user id 与 secret 信息

单击进入上一步创建的产品，记录下其中的用户 ID（user id）信息；然后回到"开
发者中心"首页，单击"私有协议产品"，记录下其中的接口密钥（secret）信息，如
图 7-29 所示。user id 与 secret 信息非常重要，后面 NB-IoT 应用和设备的创建过程中都
将用到。

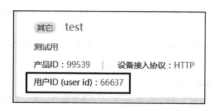

图 7-29

获取 user id 与
secret

（4）获取 token 信息

使用 Postman 发送 HTTP 请求以获取 token 信息，如图 7-30 和图 7-31 所示。HTTP 请
求与响应见表 7-4。

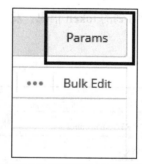

图 7-30

获取 token（1）

图 7-31

获取 token（2）

表 7-4   HTTP 请求与响应

| HTTP 方法 | GET |
|---|---|
| URL | http://<API_ADDRESS>/pp/token |
| URL 参数 | user_id = xx   //上一步记录的 user id，user_id 为 Key，记录的信息为 Value<br>secret = xx     //上一步记录的 secret |
| 成功返回 | {<br>    "errno": 0,<br>    "error": "succ",<br>    "data": {<br>        "token": "xxxxxx",     //用于后面 API 的 token 调用<br>        "timeout": 7200      // token 过期时间，过期后要重新获取 token，单位为 s<br>    }<br>} |

说明：

① 这里<API_ADDRESS>为 api.zj.cmcconenet.com，对应浙江 OneNET 平台；重庆 OneNET 平台对应的<API_ADDRESS>为 api.heclouds.com。

② URL 参数在 Params 栏目下添加，而不是 HTTP 头部的 Headers 栏。

③ 该命令每次获取的 token 有效时间为 7200s，即 2 小时，若超过 2 小时则 token 失效，需要重新获取。若在上一次获取的 token 还未过期的情况进行了重复获取，则上一次的 token 值自动失效。每个 user id 每天最多调用 2000 次该请求以获取 token 信息。

（5）创建 NB 产品

根据上一步得到的 token 信息，发送 HTTP 请求创建 NB-IoT 产品。HTTP 请求与响应见表 7-5。

表 7-5   HTTP 请求与响应

| HTTP 方法 | POST |
|---|---|
| URL | http://<API_ADDRESS>/product |
| URL 参数 | token = xxxxxxxxx |
| 请求 Body | {<br>"name": "test",        //产品名字，string，必填<br>"industry": 1,        //产品行业，int，必填<br>"category": "xxxx",    //产品类型，string，必填<br>"description": "test",   //简介，string，必填<br>"os": 1,            //操作系统，int，必填<br>"carrier": 1,        //运营商，int,必填<br>"connection": 1,     //联网方式，int，必填<br>"protocol": 6        //接入协议，int，必填<br>} |
| 成功返回 | {<br>    "errno": 0,<br>    "error": "succ",<br>    "data": { |

续表

| HTTP 方法 | POST |
|---|---|
| 成功返回 | "product_id": 5000423,　//所创建的产品 ID<br>"master-key": "dP7Kfc6=wrlh6P3i4dBs0oTSuXc="<br>　　}<br>　}<br> |

说明：

① industry，行业，其中：1：'智能家居'，2：'车载设备'，3：'可穿戴设备'，4：'医疗保健'，5：'智能玩具'，6：'新能源'，7：'运动监控'，8：'智能教育'，9：'环境监控'，10：'办公设备'，11：'其他'。

② category，类别，其中编码对应为：

- A0114：'大家电'，A0218：'生活电器'。
- B0103：'办公外设产品'，B0208：'办公网络产品'。
- C0104：'穿戴钟表'。
- D0110：'母婴童床童车'，D0211：'母婴童装童鞋'。
- E0112：'汽车车载设备'，E0210：'汽车安全自驾'。
- F0105：'智能玩具遥控/电动'，F0203：'智能玩具娃娃玩具'。
- G0110：'数码摄影摄像'，G0201：'MP3/MP4'，G0202：'电视盒子'，G0203：'耳机/耳麦'，G0204：'音响音箱'。
- H0108：'骑行运动'，H0205：'垂钓用品'，H0305：'背包'，H0306：'户外照明'。
- I0101：'其他'。

③ os，操作系统，其中：1：'Linux'，2：'Android'，3：'VxWorks'，4：'μC/OS'，5：'无'，6：'其他'。

④ carrier，网络运营商，其中：1：'移动'，2：'电信'，3：'联通'，4：'其他'。

⑤ connection，联网方式，其中：1：'wifi'，2：'移动蜂窝网络'。

⑥ protocol：设备接入方式，其中：1：'HTTP'，2：'EDP'，3：'MQTT'，4：'Modbus'，5：'JT/T808'，6：'NBCoAP'。

⑦ 输入"请求 Body"段代码时，需要特别注意格式。冒号后需要空一格再继续输入内容；除最后一行外，每行末尾都要加上逗号。另外，注意标点符号应为英文即半角格式，否则，HTTP 请求会发送失败。

NB-IoT 产品创建图示如图 7-32 和图 7-33 所示。

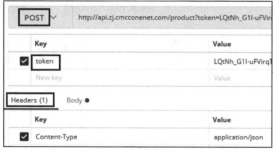

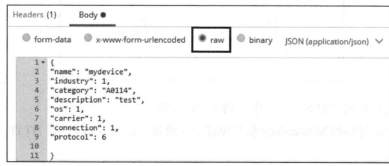

图 7-32

NB-IoT 产品创建

```
1  {
2      "errno": 0,
3      "error": "succ",
4      "data": {
5          "product_id": 5000423,
6          "master-key": "dP7Kfc6=wrlh6P3i4dBs0oTSuXc="
7      }
8  }
```

图 7-33
NB-IoT 产品创建
成功

完成此步骤之后，在 OneNET 平台"开发者中心"首页，可以看到新创建的 NB-IOT 产品——"mydevice"，如图 7-34 所示，其产品 ID 与请求返回 Body 中的 product_id 一致。但产品中所接入的设备数仍为 0，如图 7-35 所示。

图 7-34
控制台设备

图 7-35
控制台设备信息

（6）在上一步创建的 NB 产品中，创建 NB 设备

使用上一步得到的 Master-Key 信息创建 NB 设备，如图 7-36 所示。HTTP 请求与响应见表 7-6。

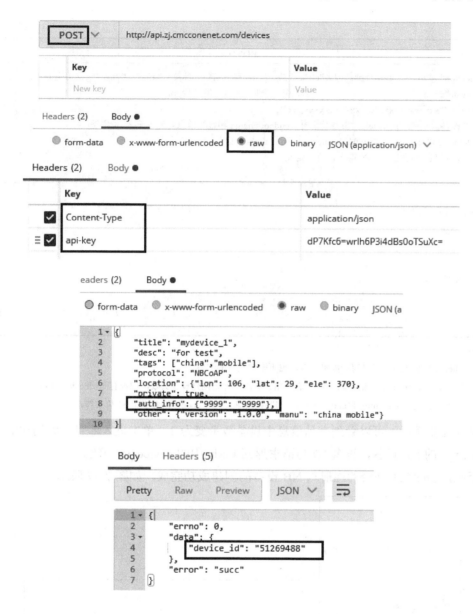

图 7-36

NB-IoT 设备创建

表 7-6　HTTP 请求与响应

| HTTP 方法 | POST |
|---|---|
| URL | http://&lt;API_ADDRESS&gt; /devices |
| HTTP 头部 | api-key = xxxx-ffff-zzzzz，必须为 Master-Key |
| 请求 Body | {<br>　　"title": "mydevice_1",　　　　　//设备名<br>　　"desc": "some description",　　　//设备描述（可选）<br>　　"tags": ["china","mobile"],　　　//设备标签（可选，可为一个或多个）<br>　　"protocol": "NBCoAP",　　　　　//接入协议 |

续表

| HTTP 方法 | POST |
|---|---|
| 请求 Body | "location": {"lon":   106, "lat":   29, "ele":   370},   //设备位置{"纬度""精度""高度"}（可选）<br>    "private": true \| false,                      //设备私密性（可选，默认为 true）<br>"auth_info": {"xxxxxxxxxxxxx": "xxxxxxxxxxxxxx"},<br>//NB-IoT 设备: {"endpointname": "鉴权信息"}，endpointname 和鉴权信息均为小于 32 位字符<br>    "other": {"version":   "1.0.0", "manu":   "china mobile"}<br>    //其他信息（可选，JSON 格式，可自定义）<br>} |
| 响应内容 | {<br>"errno": 0,<br>"error": "succ",<br>"data":<br>{<br>//平台分配唯一 ID<br>"device_id": "233444"<br>}<br>} |

说明：

① other 字段如果有，可填写；如果没有，也不影响设备的创建。

② 响应消息中 errno 表示错误码，error 表示错误原因，如果创建设备失败，则没有 device_id 字段。

③ NBCoAP 设备 auth_info 中 endpointname 和鉴权信息（auth_code）均要小于 32 位字符。

完成此步骤后，可以看到产品信息中设备数量变为 1，单击进入即可看到创建的名为 mydevice_1 的 NB 设备，设备 ID 与请求返回 Body 中的 device_id 一致。

至此，OneNET 平台的注册与 NB 设备的创建成功完成，如图 7-37 所示。

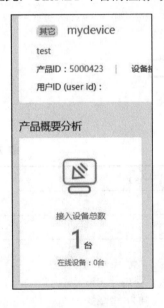
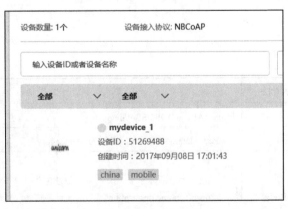

图 7-37 NB-IoT 设备创建成功

# 实战 7.3　物联网平台数据传输练习

### 1．实战目标

在成功创建 NB 设备的基础上，学习如何让设备向平台传输数据。

### 2．前期准备

（1）硬件准备

NB-IoT 开发工具包硬件：本次实战使用的是钛比科技的 NB-IoT 开发工具包。

J-Link 仿真器：SEGGER J-Link 仿真器。

物联卡：例程对应的是中国移动物联卡。

（2）软件环境

MDK 开发环境：Keil5.14，且安装好 STM32F103 的器件支持包。

J-Link 驱动程序：SEGGER J-Link 驱动程序。

串口调试助手：serial_port_utility。

串口驱动程序安装：安装工具包中串口驱动软件，驱动软件为 ch341_driver.exe，软件包含在文件资料包中。

（3）实战代码

一般的模组如移远 BC95，在连接 OneNET 平台时需要 SDK，较为复杂烦琐。本次实战代码是设备通过 M5310 模组与平台进行数据传输的示例，大大简化，不需要 SDK。

详细实现代码参见本书资料文件包中的"平台数据传输"文件夹。

### 3．实战步骤

（1）查看创建的设备

访问 OneNET 浙江门户网站：http://openiot.zj.chinamobile.com（或重庆的 OneNET 门户网站 https://open.iot.10086.cn/），登录后进入"开发者中心"，找到上一实战项目中所创建的 NB 产品并单击进入。可以看到由于上次成功创建了一台设备，因此接入设备总数为 1 台；但在线设备为 0 台，说明此时设备并未连接到平台，如图 7-38 所示。

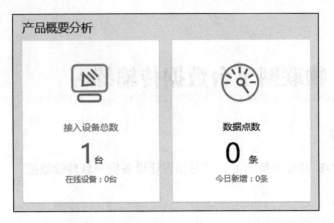

图 7-38
控制台显示

进入设备管理页面,也可看到设备名称前圆点为灰色,表明设备此时不在线,如图 7-39
所示。

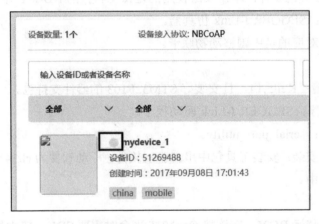

图 7-39
设备离线

（2）修改参数

经过前几个实战项目的练习,想必大家已经掌握了新建和配置 MDK 工程的流程,此
处直接编译下载本书资料文件包中的"平台数据传输"例程。

用 MDK 打开实战例程"平台数据传输"的工程文件,进入 main.c 文件卡,如图 7-40
所示。

图 7-40
修改代码内容

```
 main.c
13      MIPL_T mipl;
14      DHT11_Data_TypeDef DHT11_Data;
15      mipl.uri="coap://112.13.167.63:5683";          //浙江平台
16      //mipl.uri="coap://183.230.40.40:5683";         //重庆平台
17      mipl.port=atoi("0");
18      mipl.uri_len=strlen("coap://112.13.167.63:5683");   //浙江平台
19      //mipl.uri_len=strlen("coap://183.230.40.40:5683"); //重庆平台
20      mipl.keep_alive=atoi("300");
21      mipl.ep="9999;9999";                //endpoint;鉴权信息authcode
22      mipl.ep_len=strlen("9999;9999");    //endpoint;鉴权信息authcode
23      mipl.debug=atoi("0");
```

**注意:**

① 112.13.167.63:5683 为浙江平台 NB-IoT 接入机服务器地址, 183.230.40.40:5683 为
重庆平台 NB-IoT 接入服务器地址,用户根据创建的设备所在的平台选择一致的地址即可。

② endpoint name 和鉴权信息 authcode 务必要按照创建设备过程输入的相应信息进行更改。设备在向服务器发起连接请求的过程中，会将 endpoint name 和 auth_code 作为设备的鉴权信息来发起鉴权请求，如果参数错误，服务器端收到设备的注册请求后会鉴权失败，设备无法连接到平台。

（3）编译下载工程

安装好 M5310 模组和移动物联卡，连接电源线、串口线和天线后，在开发板 TEMP 接口处插好温湿度传感器，然后单击 Build 按钮编译，如图 7-41 所示。

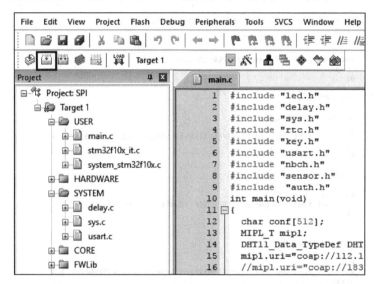

图 7-41
编译工程

将 J-Link 连接至计算机，使其 Debug 端口与开发板上对应的插座相连，如图 7-42 所示。

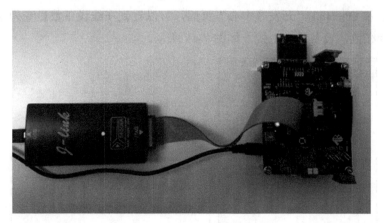

图 7-42
J-Link 与开发板
连接

然后在工程界面用鼠标右键单击 Target，在弹出的快捷菜单中选择 Option for Target… 命令。在弹出的对话框中选择 Debug 选项卡，选择右侧的 Use 单选按钮，并选择 J-LINK/J-TRACE Cortex，最后单击 OK 按钮，如图 7-43 所示。

回到工程界面，选择 Flash->Download 命令，程序被成功下载到开发板中。下载完成后，按下复位按键，程序即开始运行。

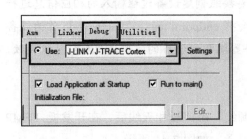

图 7-43
设置下载器为
J-Link

（4）串口调试

打开串口调试工具，设置波特率为 115200，数据位为 8，停止位为 1，校验位和流控位为 None，接收设置为 ASCII，即可以看到开发板通过串口打印的信息，如图 7-44 所示。等待一段时间后，串口打印出"running"信息，此时设备已经开始成功向平台发送数据。

图 7-44
成功后的串口
打印信息

此时，进入 OneNET"开发者中心"页面，可以看到在线设备数量变为 1，设备名称前的圆点变为绿色，设备成功上线，如图 7-45 所示。

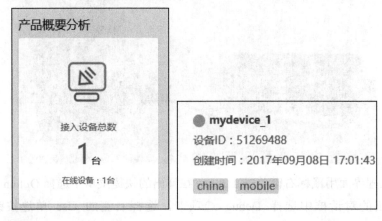

图 7-45
设备上线

（5）查看数据流的展示

在"设备管理"页面单击进入"数据展示"选项卡，可看到设备向平台发送的数据流的展示，3200_0_5750 为代码中所定义的数据流名称，如图 7-46 和图 7-47 所示。

图 7-46

平台数据显示
(1)

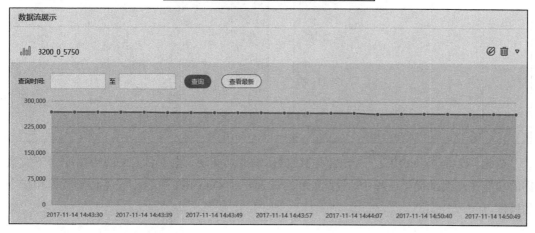

图 7-47

平台数据显示
(2)

（6）查看数据流中的数据

结合终端通过串口打印的信息，我们来具体看一下数据流中的数据。

终端显示向数据流 3200_0_5750 中发送了 5 个数据 "264670" "265670" "265670"
"265670" "265670"，如图 7-48 所示。代码中我们对数据格式的定义为：前三个数字代表
温度，后三个数字代表湿度，例如 "264670" 即温度为 26.4℃，湿度为 67.0%。

```
internet_test 246 cmd:AT+MIPLNOTIFY=0,3200,0,5750,1,"264670",1,1
,rsp:
OK

+MIPLNOTIFY:0,1

running
internet_test 246 cmd:AT+MIPLNOTIFY=0,3200,0,5750,1,"265670",1,2
,rsp:
OK

+MIPLNOTIFY:0,2

running
internet_test 246 cmd:AT+MIPLNOTIFY=0,3200,0,5750,1,"265670",1,3
,rsp:
OK

+MIPLNOTIFY:0,3

running
internet_test 246 cmd:AT+MIPLNOTIFY=0,3200,0,5750,1,"265670",1,4
,rsp:
OK

+MIPLNOTIFY:0,4

running
internet_test 246 cmd:AT+MIPLNOTIFY=0,3200,0,5750,1,"265670",1,5
,rsp:
OK
```

图 7-48

串口打印的终
端发送信息

对应的，平台上显示收到的数据也是如此，说明终端与平台之间的数据传输正常，如图 7-49 所示。

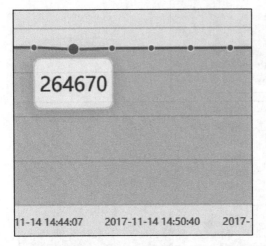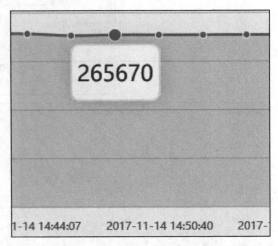

图 7-49
平台收到的数据信息

至此，设备与 OneNET 平台之间的数据传输成功实现。由于目前 OneNET 平台下发数据的功能还在调试优化过程中，故此处暂时未写出由 OneNET 平台向设备传输数据和指令的操作。

# 实战 7.4　物联网应用平台端开发练习

## 1．实战目标

开发物联网 Web 项目，在应用平台端实时获取 OneNET 云平台的数据，在前端（用访问浏览器）进行数据展示。

## 2．前期准备

下载并安装 JDK、Tomcat、Eclipse（或者其他 Java IDE）。

应用平台端的开发包括前端开发和后端开发，其中后端使用 Java 语言开发。JDK 是 Java 语言的开发工具包，用于编译 Java 程序。Eclipse 是一个开放源代码的、基于 Java 的可扩展开发平台，用于提供集成开发环境（IDE）。Tomcat 是一个免费的开放源代码的 Web 应用服务器，用于发布 Web 项目。在开发过程中需要把 Tomcat 部署到 Eclipse 上，在安装 Tomcat 和 Eclipse 之前需要先安装 JDK。

（1）下载、安装 JDK

登录到 Java SE Downloads，下载 JDK，网址如下：

http://www.oracle.com/technetwork/java/javase/downloads/index.htm。

单击 JDK DOWNLOAD 按钮，进入下载页面，如图 7-50 所示。选择合适的版本下载，例如 Windows 版本。

**Java SE Development Kit 9.0.1**

You must accept the Oracle Binary Code License Agreement for Java SE to download this software.

○ Accept License Agreement　　　● Decline License Agreement

| Product / File Description | File Size | Download |
| --- | --- | --- |
| Linux | 304.99 MB | ⬇jdk-9.0.1_linux-x64_bin.rpm |
| Linux | 338.11 MB | ⬇jdk-9.0.1_linux-x64_bin.tar.gz |
| macOS | 382.11 MB | ⬇jdk-9.0.1_osx-x64_bin.dmg |
| Windows | 375.51 MB | ⬇jdk-9.0.1_windows-x64_bin.exe |
| Solaris SPARC | 206.85 MB | ⬇jdk-9.0.1_solaris-sparcv9_bin.tar.gz |

图 7-50

JDK 下载

下载完成后，双击启动安装程序，按提示单击"下一步"按钮完成 JDK 安装。

JDK 安装完成后，需要配置环境变量，用鼠标右键单击计算机，在弹出的快捷菜单中选择"属性"命令，在出现的控制面板主页上单击"高级系统设置"，出现"系统属性"对话框，如图 7-51 所示。

图 7-51

配置环境变量

单击"环境变量"按钮，在"系统变量"一栏，新建 JAVA_HOME 变量，变量值填写 JDK 的安装目录。在"系统变量"栏中寻找 Path 变量并打开编辑，在"变量值"最后输入"%JAVA_HOME%\bin; %JAVA_HOME%\jre\bin;"（注意原来 Path 的变量值末尾有没有";"号，如果没有，先输入";"号，再输入上面的值）。在"系统变量"中新建 CLASSPATH 变量，变量值填写".;%JAVA_HOME%\lib; %JAVA_HOME%\lib\tools.jar"（注意最前面有一点）。

至此 JDK 安装及配置过程结束，检验是否配置成功，运行 cmd，输入 java -version，如果显示版本信息，如图 7-52 所示，则说明安装和配置成功。

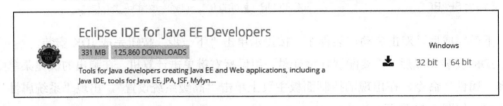

图 7-52
Java 安装验证

（2）下载 Tomcat

登录网址 http://tomcat.apache.org/download-70.cgi，选择合适版本下载 Tomcat；Tomcat 下载到本地后直接双击进行安装。

（3）下载 Eclipse

登录网址 http://www.eclipse.org/downloads/，并单击 Download Packages 按钮。进入下载页面，选择下载 Eclipse IDE for Java EE Developers，如图 7-53 所示。

### Eclipse IDE for Java EE Developers

331 MB　125,860 DOWNLOADS

Tools for Java developers creating Java EE and Web applications, including a Java IDE, tools for Java EE, JPA, JSF, Mylyn...

Windows

32 bit ｜ 64 bit

图 7-53
Eclipse IDE

下载完成后，不需要安装，直接运行 eclipse.exe 即可打开 Eclipse。

### 3．实战步骤

（1）部署 Tomcat

运行 Eclipse 软件，选择工具栏中的 Window → Preferences → Server → Runtime Environments 命令，在右侧区域单击 Add 按钮，如图 7-54 所示。在弹出的窗口选择待部署的 Tomcat 版本，然后单击 Next 按钮，如图 7-55 所示。在 Tomcat installation directory 处选择本地下载的 Tomcat（需解压成文件夹），然后单击 Finish 按钮，完成部署，如图 7-56 所示。

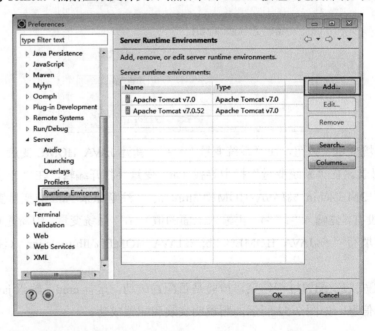

图 7-54
部署 Tomcat(1)

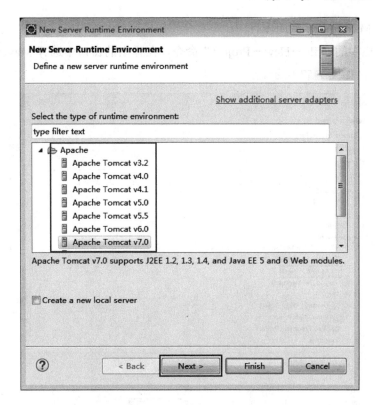

图 7-55
部署 Tomcat(2)

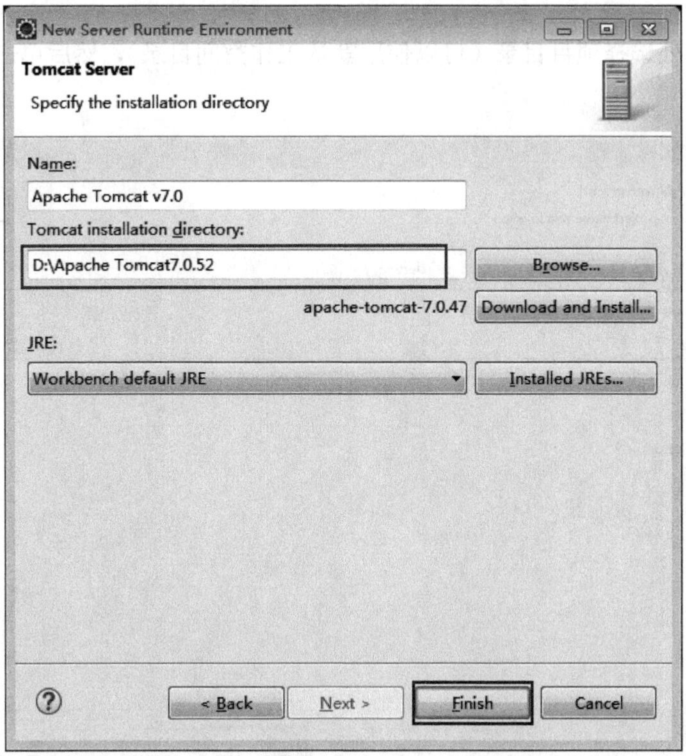

图 7-56
部署 Tomcat(3)

（2）创建 Maven Web 应用项目

选择工具栏中的"file→New→Project"命令，在弹出的窗口中选择 Maven Project，并单击 Next 按钮，如图 7-57 所示。

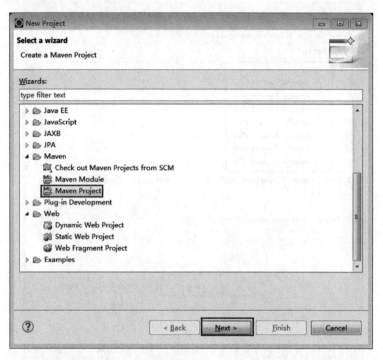

**图 7-57**
创建 Maven Web
项目(1)

在 Location 处选择项目目录（可以使用默认工作空间目录），然后单击 Next 按钮，如图 7-58 所示。

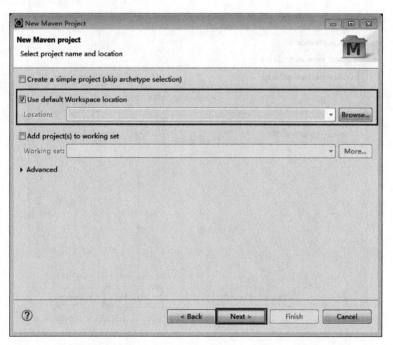

**图 7-58**
创建 Maven Web
项目(2)

选择项目类型为 maven-archetype-webapp，然后单击 Next 按钮，如图 7-59 所示。

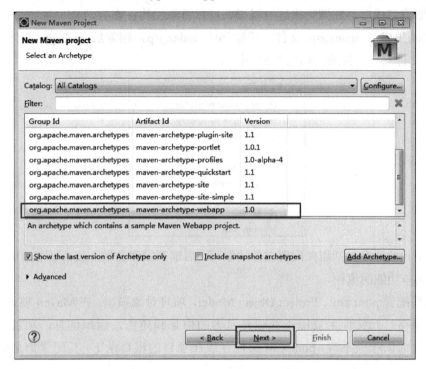

图 7-59

创建 Maven Web
项目(3)

设置项目 Group Id 和 Artifact Id，这两个参数可以任意设置，例如设置 Group Id 为 com.iot，设置 Artifact Id 为 onenet。单击 Finish 按钮，完成项目创建，如图 7-60 所示。

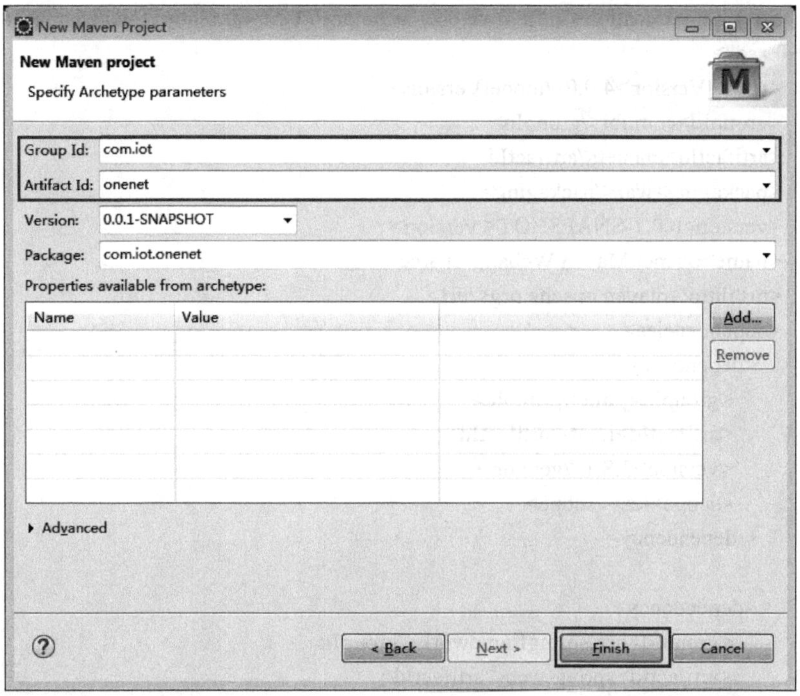

图 7-60

创建 Maven Web
项目(4)

（3）实现 Web 项目的功能

项目创建完成后，左侧工作区可以查询项目目录结构。在/src/main/webapp 文件夹下 Eclipse 自动生成了 index.jsp 文件，手动删除 index.jsp，删除后 webapp 文件夹下只有 WEB-INF 文件夹，文件结构如图 7-61 所示。

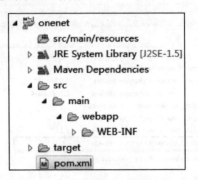

图 7-61
Web 项目文件
结构

Web 项目的开发包括相关配置文件的编写，后端开发和前端开发。以下给出了实现物联网平台简单功能的流程。

1）编写配置 pom.xml。Project Object Model，项目对象模型，在 Maven 项目中以 xml 文件形式保存。此文件主要用于管理开发者的信息和角色，组织信息，项目授权，项目 url，项目的依赖关系等。pom.xml 文件存放在项目的根目录下，其配置信息如图 7-62 所示。

```
1      <project xmlns="http://maven.apache.org/POM/4.0.0"
xmlns:xsi="http://www.w3.org/2001/XMLSchema-instance"
2          xsi:schemaLocation="http://maven.apache.org/POM/4.0.0 http://maven.apache.org/
maven-v4_0_0.xsd">
3          <modelVersion>4.0.0</modelVersion>
4          <groupId>com.iot</groupId>
5          <artifactId>onenet</artifactId>
6          <packaging>war</packaging>
7          <version>0.0.1-SNAPSHOT</version>
8          <name>onenet Maven Webapp</name>
9          <url>http://maven.apache.org</url>
10         <dependencies>
11           <dependency>
12             <groupId>junit</groupId>
13             <artifactId>junit</artifactId>
14             <version>3.8.1</version>
15             <scope>test</scope>
16           </dependency>
17
18           <dependency>
19             <groupId>org.springframework</groupId>
20             <artifactId>spring-web</artifactId>
```

图 7-62
pom.xml 文件

```
21              <version>4.3.7.RELEASE</version>
22          </dependency>
23
24          <dependency>
25              <groupId>org.springframework</groupId>
26              <artifactId>spring-webmvc</artifactId>
27              <version>4.3.7.RELEASE</version>
28          </dependency>
29
30          <dependency>
31              <groupId>javax.servlet</groupId>
32              <artifactId>servlet-api</artifactId>
33              <version>2.5</version>
34          </dependency>
35
36          <dependency>
37              <groupId>org.apache.httpcomponents</groupId>
38              <artifactId>httpcore</artifactId>
39              <version>4.4.5</version>
40          </dependency>
41
42          <dependency>
43              <groupId>org.apache.httpcomponents</groupId>
44              <artifactId>httpclient</artifactId>
45              <version>4.5.3</version>
46          </dependency>
47
48          <dependency>
49              <groupId>net.sf.json-lib</groupId>
50              <artifactId>json-lib</artifactId>
51              <version>2.4</version>
52              <classifier>jdk15</classifier>
53          </dependency>
54      </dependencies>
55      <build>
56          <finalName>onenet</finalName>
57      </build>
58  </project>
```

图 7-62
（续）

　　图 7-62 中 1～16 行为 Eclipse 创建 Maven 项目时自动生成的代码。3～9 行为项目相关的说明信息，例如版本号（version）、打包格式（packaging）等；这些信息用户可以自己设置，也可以保留默认生成的格式。10～54 行为项目依赖关系，这些依赖关系为 Maven 项目导入编译所需 jar 包。其中 11～16 行为测试项目所需的 Maven 包；18～34 行为 Spring MVC 框架所需的 Maven 包；36～46 行为连接 OneNET 平台，发送 HTTP 请求时所需的

Maven 包；48～53 行为使用 JSON 数组时所需的 Maven 包。

2）编写配置文件 web.xml。web.xml 的模式文件是由 Sun 公司定义的，在 Eclipse Maven Web 应用项目中的存储路径为/src/main/webapp/WEB-INF/web.xml。web.xml 主要用于配置 filter（过滤器），listener（监听器），context-param（上下文参数），以及 servlet；这些元素均放在<web-app></web-app>之中。web.xml 配置文件如图 7-63 所示。

```
1    <?xml version="1.0" encoding="UTF-8"?>
2    <web-app version="2.5"
3    xmlns="http://java.sun.com/xml/ns/javaee"
4    xmlns:xsi="http://www.w3.org/2001/XMLSchema-instance"
5    xsi:schemaLocation="http://java.sun.com/xml/ns/javaee
6    http://java.sun.com/xml/ns/javaee/web-app_2_5.xsd">
7        <display-name>OneNET</display-name>
8
9        <servlet>
10           <servlet-name>mvc-dispatcher</servlet-name>
11           <servlet-class>
12               org.springframework.web.servlet.DispatcherServlet
13           </servlet-class>
14           <load-on-startup>1</load-on-startup>
15       </servlet>
16
17       <servlet-mapping>
18           <servlet-name>mvc-dispatcher</servlet-name>
19           <url-pattern>/</url-pattern>
20       </servlet-mapping>
21
22       <context-param>
23           <param-name>contextConfigLocation</param-name>
24           <param-value>
25               /WEB-INF/mvc-dispatcher-servlet.xml
26           </param-value>
27       </context-param>
28
29       <listener>
30           <listener-class>
31               org.springframework.web.context.ContextLoaderListener
32           </listener-class>
33       </listener>
34
35       <filter>
36           <filter-name>characterEncodingFilter</filter-name>
37           <filter-class>
38               org.springframework.web.filter.CharacterEncodingFilter
39           </filter-class>
```

图 7-63
web.xml 文件

```
40              <init-param>
41                  <param-name>encoding</param-name>
42                  <param-value>UTF-8</param-value>
43              </init-param>
44              <init-param>
45                  <param-name>forceEncoding</param-name>
46                  <param-value>true</param-value>
47              </init-param>
48          </filter>
49          <filter-mapping>
50              <filter-name>characterEncodingFilter</filter-name>
51              <url-pattern>/*</url-pattern>
52          </filter-mapping>
53      </web-app>
```

图 7-63
(续)

图 7-63 中 9～20 行定义服务连接器 servlet，10 行定义 servlet 名称，11～13 行指定 servlet 类，14 行指定启动顺序（1 表示该 servlet 随 servlet 容器一起启动），17～20 行定义 servlet 所对应的 URL。22～27 行定义上下文参数（context-param），这里设置了另一个配置文件的存储路径（下文会介绍该配置文件）。29～33 行设置监听器，这里仅设置了 ContextLoaderListener 监听器；该监听器的作用是启动 Web 容器时，自动装配 ApplicationContext 的配置信息。35～52 行设置过滤器 filter，这里仅设置了字符过滤器 CharacterEncodingFilter。

3）编写配置文件 mvc-dispatcher-servlet.xml。在 web.xml 中定义了配置文件 mvc-dispatcher-servlet.xml，并设置存储路径为/src/main/webapp/WEB-INF/mvc-dispatcher-servlet.xml。此配置文件需要开发人员在相应路径下自行创建并编写。mvc-dispatcher-servlet.xml 主要用于配置注解探测器、视图解析器等信息，如图 7-64 所示。

```
1   <?xml version="1.0" encoding="UTF-8"?>
2   <beans xmlns="http://www.springframework.org/schema/beans"
3          xmlns:p="http://www.springframework.org/schema/p"
4          xmlns:xsi="http://www.w3.org/2001/XMLSchema-instance"
5          xmlns:context="http://www.springframework.org/schema/context"
6          xmlns:mvc="http://www.springframework.org/schema/mvc"
7          xsi:schemaLocation="http://www.springframework.org/schema/beans
       http://www.springframework.org/schema/beans/spring-beans.xsd
       http://www.springframework.org/schema/context
       http://www.springframework.org/schema/context/spring-context.xsd
       http://www.springframework.org/schema/mvc
       http://www.springframework.org/schema/mvc/spring-mvc.xsd">
8
9   <mvc:annotation-driven/>
10  <context:component-scan base-package="controller"/>
```

图 7-64
mvc-dispatcher
-servlet.xml

```
11          <mvc:default-servlet-handler/>
12
13          <bean
class="org.springframework.web.servlet.view.InternalResourceViewResolver">
14              <property name="prefix">
15                  <value>/WEB-INF/jsp/</value>
16              </property>
17              <property name="suffix">
18                  <value>.jsp</value>
19              </property>
20          </bean>
21
22      </beans>
```

图 7-64
(续)

图 7-64 中，9 行作用为开启注解。10 行配置注解探测器，即添加扫描 Web 项目运行时需要自动注解的包，在本例中需要自动注解的包为 src/main/java 文件夹下的 controller 包。11 行设置静态资源（js 文件、图片文件等）的访问。13～20 行定义视图解析器，其中 14～16 行指定视图目录前缀，17～19 行指定视图文件后缀；在本例中视图文件存储路径为 src/main/webapp/WEB-INF/jsp，视图文件后缀名为 ".jsp"。

4）编写后端程序。在 mvc-dispatcher-servlet.xml 文件中设置了项目运行时扫描自动注解的包为 controller，我们把本项目 Controller 层的代码放在这个包里。在 src/main/java 文件夹下新建包 controller，然后在此包下新建 Java 文件 ExampleController.java。在 ExampleController.java 文件中编写后端代码，如图 7-65 所示。

```
1       package controller;
2
3       import java.io.IOException;

4       import javax.servlet.http.HttpServletRequest;
5       import javax.servlet.http.HttpServletResponse;
6
7       import org.apache.http.HttpEntity;
8       import org.apache.http.HttpResponse;
9       import org.apache.http.client.ClientProtocolException;
10      import org.apache.http.client.HttpClient;
11      import org.apache.http.client.methods.HttpGet;
12      import org.apache.http.impl.client.DefaultHttpClient;
13      import org.apache.http.util.EntityUtils;
14      import org.springframework.stereotype.Controller;
15      import org.springframework.web.bind.annotation.RequestMapping;
16      import org.springframework.web.bind.annotation.RequestMethod;
17
18      import net.sf.json.JSONArray;
19      import net.sf.json.JSONObject;
```

图 7-65
ExampleContr
oller.java

```
20
21      @Controller
22      public class ExampleController {
23
24          @RequestMapping(value = "/", method = RequestMethod.GET)
25          public String welcome() {
26              return "display";
27          }
28
29          @RequestMapping(value = "/query", method = RequestMethod.GET)
30          public void query(HttpServletRequest request, HttpServletResponse response) throws
Exception {
31              /*此段程序见图 7-66*/
32          }
33      }
```

图 7-65
(续)

在图 7-65 中，3～19 行导入 Java 文件运行时必需的各种包，例如建立 HTTP 连接时所需的 jar 包，使用 JSON 对象和数组所需的 jar 包等。21 行表示 ExampleController 类为 MVC 的控制层，Web 项目运行时将自动注解。24～27 行设置了用户登录网页时的返回页面，@RequestMapping 中设置了访问路径"/"和访问方法"GET"，该方法返回值"display"表示网页返回页面为 display.jsp。

29～32 行完成以下功能：首先和 OneNET 建立 HTTP 连接，获取设备上报的最新数据（温度和湿度值）和上报时间，然后将获取数据返回给前端进行网页显示。此部分代码如图 7-66 所示。

```
1       String deviceId = "";        //请修改为您注册设备的 ID
2       String datastreamId = "3200_0_5505";      //请修改为您的数据流 ID
3       String apiKey = "";      //请修改为您注册产品的 APIKey
4       String apiAddress = "api.zj.cmcconenet.com"      //请修改为您的 API 地址
5
6       double temperature;      //从 OneNET 上读取到的温度值
7       double humidity;      //从 OneNET 上读取到的湿度值
8       String time;      //从 OneNET 上读取到的采样时间
9
10      JSONObject jsonObject = null;      //返回前端的 json 数组
11
12      //用 GET 方法获取该设备最新数据
13      HttpClient httpClient = new DefaultHttpClient();
14      HttpGet httpGet = new HttpGet("http://" + apiAddress + "/devices/" + deviceId + "/datapoints?
datastream_id=" + datastreamId + "&limit=1");
15      httpGet.setHeader("Content-type", "application/json; charset=utf-8");
16      httpGet.setHeader("api-key", apiKey);
17
```

图 7-66
query 方法

```
18    try {
19         //和 OneNET 平台建立 httpGet 连接，并获取返回值
20         HttpResponse httpResponse = httpClient.execute(httpGet);
21         if(httpResponse.getStatusLine().getStatusCode() == 200) {
22             HttpEntity httpEntity = httpResponse.getEntity();
23             String onenetResponse = EntityUtils.toString(httpEntity);
24             System.out.println(onenetResponse);
25             JSONObject json = JSONObject.fromObject(onenetResponse);
26             JSONObject data = json.getJSONObject("data");
27             //datastremas:从 OneNET 上读取到的数据流
28             JSONArray datastreams = (JSONArray) data.get("datastreams");
29             if (datastreams.size() == 0) {
30                 return;
31             }
32             //datastream:获取第一个数据流
33             JSONObject datastream = datastreams.getJSONObject(0);
34             if (!datastream.getString("id").equals(datastreamId)) {
35                 return;
36             }
37             JSONArray datapoints = datastream.getJSONArray("datapoints");
38             if (datapoints.size() == 0) {
39                 return;
40             }
41             //获取第一个数据流的第一条数据
42             JSONObject datapoint = (JSONObject) datapoints.get(0);
43             time = datapoint.getString("at").substring(0, 19);      //获取时间
44             String value = datapoint.getString("value");      //获取业务数据
45             JSONArray valueArray = JSONArray.fromObject(value);
46             temperature =
(Integer.valueOf(valueArray.get(0).toString()) - 48) * 10 +
    Integer.valueOf(valueArray.get(1).toString()) - 48 +
(Integer.valueOf(valueArray.get(2).toString()) - 48) / 10.0;
47             humidity =
(Integer.valueOf(valueArray.get(3).toString()) - 48)* 10 +
                Integer.valueOf(valueArray.get(4).toString()) - 48;
48             jsonObject = new JSONObject();
49             jsonObject.put("temperature", temperature);//返回结果添加温度信息
50             jsonObject.put("humidity", humidity);      //返回结果添加湿度信息
51             jsonObject.put("time", time);      //前端返回结果添加采样时间信息
52         } else {
53             String code = httpResponse.getStatusLine().getStatusCode();
54             System.out.println(code);
55         }
56    } catch (ClientProtocolException e) {
57         e.printStackTrace();
```

图 7-66

(续)

```
58      } catch (IOException e) {
59          e.printStackTrace();
60      } finally {
61          response.getWriter().print(jsonObject);      //数据返回前端
62      }
```

图 7-66
（续）

图 7-66 中，1~4 行定义了访问 OneNET 平台获取数据时需要的一些参数（设备 ID、数据流 ID、产品 APIKey、OneNET 平台地址），这些参数需要开发者自行补全。本例中设备上传数据流为"3200_0_5505"，该数据流的数据类型为字符串，设备上传数据信息包括温度和湿度。6~8 行定义了温度变量、湿度变量，以及上报数据的时间。13~16 行设置了用 GET 方法访问 OneNET 平台的 URL 和 HTTP 报头。19 行向 OneNET 发送 HTTP GET 请求，并获取数据。21~45 行对从 OneNET 平台上获取的数据流进行处理，得到最新温度、湿度，以及上报时间。43 行获取数据上报时间。44~45 行对上报数据进行处理得到温度和湿度值；本例中设备上报数据的格式为 T+(温度×10)+H+(湿度×10)，例如温度为 25.3℃，湿度为 33.6%，则设备上报的数据为"T253H336"。46~49 行将获取到的数据存储在 JSON 对象中。59 行将数据返回前端进行显示。

5）编写前端文件。在 src/main/webapp/WEB-INF/jsp 文件夹下新建 jsp 文件"display.jsp"。display.jsp 完成的功能为定时向后端获取数据，并将数据显示在网页上。前端文件如图 7-67 所示。

```
1    <%@ page language="java" contentType="text/html; charset=utf-8"
2            pageEncoding="utf-8"%>
3    <!DOCTYPE html>
4    <html lang="zh-CN">
5    <head>
6        <meta http-equiv="Content-Type" content="text/html; charset=utf-8">
7        <title>OneNET</title>
8        <script type="text/javascript" src="/onenet/static/js/jquery-3.2.1.min.js"></script>
9    </head>
10
11   <body>
12
13   <p>Hello, World!</p>
14   <p>温度：<span id="temperature"></span></p>
15   <p>湿度：<span id="humidity"></span></p>
16   <p>时间：<span id="time"></span></p>
17   <script>
18       query();
19       var t2 = window.setInterval("query()",10000);
20       function query(){
21           $("#temperature").empty();
22           $("#humidity").empty();
```

图 7-67
display.jsp

```
23              $("#time").empty();
24              $.ajax({
25                  type:'GET',
26                  url:'/onenet/query',
27                  dataType: 'json',
28                  success:function(data){
29                      if (data != null) {
30                          $("#temperature").append(data["temperature"]);
31                          $("#temperature").append("°C");
32                          $("#humidity").append(data["humidity"]);
33                          $("#humidity").append("%");
34                          $("#time").append(data["time"]);
35                      }
36                  }
37              });
38          }
39      </script>
40
41      </body>
42      </html>
```

图 7-67
(续)

在图 7-67 中，5～9 行设置前端 head 信息，其中 8 行引入了 jquery 文件，此文件需要登录网站 http://jquery.com/进行下载，并在 webapp 文件夹下新建文件夹/static/js，然后将 jquery-3.2.1.min.js 存放在/webapp/static/js 文件夹下。13～16 行在网页界面显示 4 行信息，第一行为 "Hello，World！"，第二行为温度信息，第三行为湿度信息，第四行为时间。17～38 行为 script 脚本代码；19～37 行定义了 query 函数，该函数向后端请求获取温度、湿度和时间数据，并将数据显示在页面上。18 行第一次调用 query 函数，用户打开页面时将立即显示最新数据。19 行设置一个定时器，该定时器每 10s 执行一次，调用 query 函数。因此，前端文件实现了每 10s 获取一次最新数据，并在页面显示的功能。如果希望页面刷新频率降低或提高，调整 19 行定时器参数即可。

### 4. 实战成果

在 Eclipse 中，用鼠标右键单击项目名，在弹出的快捷菜单中选择 Run As-Run on Server 命令，在弹出的对话框中选择已部署的 Tomcat，然后单击 Finish 按钮，即可运行 Web 项目。在浏览器中输入地址：http://localhost: 8080/onenet/，即可访问页面，如图 7-68 所示。

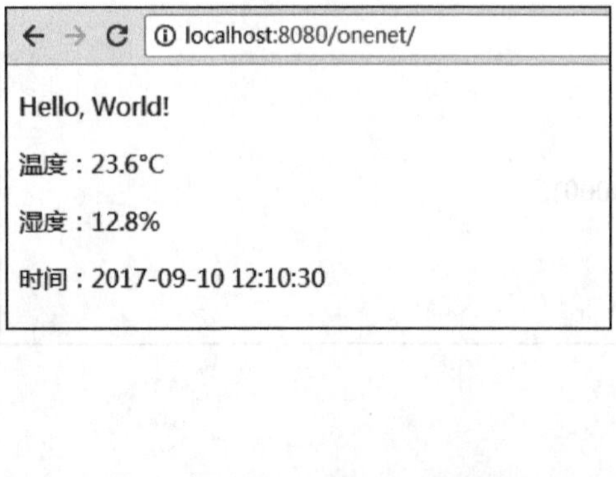

图 7-68
网页显示

← → C ① localhost:8080/onenet/

Hello, World!

温度：23.6°C

湿度：12.8%

时间：2017-09-10 12:10:30

# 实战 7.5　物联网应用移动端开发练习

## 1．实战目标

开发微信订阅号（或服务号），在移动端获取 OneNET 平台数据并进行显示。

## 2．前期准备

一台固定 IP 地址的服务器（或租用云服务器），并备案域名；申请微信公众平台账号（需注册为企业用户）。

## 3．实战步骤

应用移动端开发与应用平台端开发过程基本一致，区别在于平台端开发是通过访问浏览器获取页面，而移动端开发是在微信订阅号或服务号内打开页面。因此，移动端和平台端开发的前后端程序基本一致，而考虑到手机屏幕显示的规格大小，移动端开发时前端设计可能会有所改动。下面以开发微信订阅号为例，演示物联网应用移动端开发的过程。

（1）数据展示页面前后端程序开发

此部分开发过程同实战 7.4 一致。在固定 IP 地址的服务器上，按照实战 7.4 内容开发 Web 项目，并运行项目。在浏览器中输入地址：http://serverhost:port/ onenet/，其中 serverhost 为服务器的 IP 地址，port 为 Tomcat 运行端口。如果可以正常显示图 7-68 所示的网页内容，则说明项目运行成功；否则项目运行失败，需查找原因。

微信公众平台技术文档：接口域说明

（2）微信公众平台技术文档

可参考微信官方网站：https://mp.weixin.qq.com/wiki?t=resource/res_main&id=mp144524 1432。

（3）微信公众平台自定义菜单创建接口

申请微信公众平台账号，注册为企业用户，同时选择开发类型为"订阅号"，然后登录微信公众平台，如图 7-69 所示。

微信公众平台技术文档：接入指南

在页面左侧选择"自定义菜单"，在右侧填写菜单名称（可随意填写），在"菜单内容"区域选择"跳转网页"单选按钮，并输入页面地址 http://serverhost:port/onenet/，然后单击"保存并发布"按钮，如图 7-70 所示。

如果在页面地址输入处显示"认证后才可手动输入地址"，那么请确认微信公众号为企业用户（个人用户无法完成认证）。企业用户可以在页面左侧"设置"一栏选择微信认证，完成认证后，再进入"自定义菜单"进行设置。

图 7-69
微信公众平台
登录页面

图 7-70
"自定义菜单"
页面

### 4. 实战成果

手机登录微信并关注您申请的订阅号，关注成功后，界面显示一个菜单项 OneNET，该菜单项即为您在微信公众平台上设置的自定义菜单，如图 7-71 所示。单击 OneNET，即可跳转网页，如图 7-72 所示。

图 7-71　微信订阅号

图 7-72　菜单项链接页面

# 本章小结

　　本章主要介绍了 OneNET 平台端注册、联网平台数据传输，以及应用程序端访问平台数据的过程。

　　OneNET 获取数据的过程如下：首先在 OneNET 平台注册相关协议的产品和设备（NB-IoT 模组设备请选择 CoAP 协议）；注册完成后，在平台端可以看到一个离线状态的设备。真实设备联网后，通过注册设备时定义的 authcode 和 endpoint 向 OneNET 平台端发送数据包，即能看到平台端设备状态更新为在线，同时可以查看上传数据。

　　应用程序端访问平台数据有两种方式：①平台向应用服务器端推送数据。②应用程序通过 API 接口主动向平台获取数据。本章对第②种方式访问平台数据进行了说明。

　　为给读者更完整的参考体验，本章还给出了华为物联网平台的设备接入方法。

## 参 考 文 献

华为技术有限公司，2016. 华为 IoT 平台对接指导书 for NB-IOT [EB/OL]. 深圳：华为技术有限公司，2016:7-16(2016-10-30)[2017-12-19].
　　http://developer.huawei.com/ict/cn/ rescenter/CMDA_ FIELD_LITE_OS?developlan=Other.
中国移动，2017. NB-IoT 快速接入文档_V1.1 [EB/OL]. 杭州：中国移动，2016:7-16(2016-12-15)[2017-12-19]. http://iot.10086.cn.
中国移动，2017. M5310 AT COMMAND SET For the V100R100C10B657SP1 firmware_V2.1 [EB/OL].杭州：中国移动，2017:15-60(2017-08-22)

[2017-12-19]. http://iot.10086.cn.

中国移动，2017. M5310EVB 用户使用指南_V1.1 [EB/OL]. 杭州：中国移动, 2017:5-8(2017-08-21)[2017-12-19]. http://iot.10086.cn.

中国移动，2017. M5310 AT 使用流程示例_V2.0[EB/OL]. 杭州：中国移动, 2017:4-10(2017-08-28)[2017-12-19]. http://iot.10086.cn.

中国移动，2017. M5310 硬件设计手册_V1.1 [EB/OL]. 杭州：中国移动, 2017:17-20(2017-08-21)[2017-12-19]. http://iot.10086.cn.